LA RESPONSABILIDAD FAMILIAR CORPORATIVA EN GUATEMALA

Resultados del estudio IFREI

LA RESPONSABILIDAD FAMILIAR CORPORATIVA (RFC) EN GUATEMALA

Resultados del estudio IFREI

IESE Business School
University of Navarra

Centro Internacional Trabajo y Familia

6703 NW 7th St.
Miami, Florida 33126, USA
Email: info@editorialarje.com

ISBN-13: 978-1-7335483-2-8
ISBN-10: 1-7335483-2-7

Impreso en Charleston, SC

Prólogo

Querido lector:

Tienes en tus manos el informe del IESE Family Responsible Employer Index (IFREI) que corresponde al estudio realizado entre el año 2011 y 2018. Es una actualización, con nuevos datos, de los que ya hicimos en el año 2011—2012, en el 2013-2014 y en el 2015-2016. Este que tienes en tus manos es un estudio dirigido desde el Centro Internacional Trabajo y Familia del IESE (ICWF por sus siglas en inglés). Sale con el esfuerzo y la colaboración de tantos investigadores en los países en los que trabajamos, que aportan su trabajo, su buen hacer y su ilusión para hacer de esta sociedad un lugar donde las personas puedan desarrollar su potencial profesional y cuidar de sus familias.

Te animo a que, al leer este informe, encuentres en él algo que en tu labor profesional diaria pueda ayudarte: como directivo, emprendedor o empleado. Tú eres un agente de cambio y seguro que hay algo que puedes hacer para que más personas se beneficien de entornos enriquecedores. Si tienes responsabilidades políticas aún mejor; en ese caso no dejes de pensar en los cambios legislativos que podrían fomentar que más y más personas desarrollen sus tareas en empresas que fomentan la Responsabilidad Familiar Corporativa.

Tenemos la confianza de que este camino que comenzamos a recorrer en un lejano 1999, seguirá discurriendo por veredas que harán de esta sociedad un lugar mejor para el desarrollo de las familias. Contamos contigo.

Prof. Mireia Las Heras

Directora del International Center for Work and Family (ICWF)

IESE Business School – Universidad de Navarra

Colaboradores IFREI Guatemala

Hugo Cruz

Doctor en Gobierno y Cultura de las Organizaciones (*Cum Laude)* por la Universidad de Navarra. Realizó su tesis doctoral sobre los "Efectos de los entornos familiarmente responsables sobre la motivación de los colaboradores". Es Director Ejecutivo del Centro de Investigaciones Humanismo y Empresa (CIHE) y Profesor de Ética y de Factor Humano en UNIS Business School, ambas instituciones de la Universidad del Istmo (Guatemala). Desde 2009 colabora con el ICWF en la aplicación del IFREI en Guatemala. Es socio consultor de NCH and Partners.

María Olga Umaña de Matheu

Licenciada en Administración de Empresas *(Cum Laude)* por la Universidad Francisco Marroquín. Cuenta con un MBA con énfasis en mercadeo. Ha desarrollado toda una trayectoria laboral en el campo de la investigación de mercados y mejora de estrategias de marketing. Actualmente es socia de Action Market, empresa especializada en investigación cuantitativa y cualitativa de mercados. Ha colaborado con el Centro de Investigaciones Humanismo y Empresa de la Universidad del Istmo desde el año 2009 en la ejecución de varios proyectos de investigación en el área de trabajo balance-familia y ética empresarial, entre ellos la aplicación del IFREI en Guatemala.

Elisa Gómez de Rodríguez

Licenciada en Mercadotecnia por la Universidad Rafael Landívar y Máster en Educación Universitaria por la Universidad del Istmo. Después de una exitosa trayectoria profesional en empresas de gran calado como Colgate-Palmolive, decidió independizarse y fundar Action

Market, empresa especializada en investigación cuantitativa y cualitativa de mercados. Actualmente es Directora de Comunicación Institucional y Promoción de la Universidad del Istmo. Ha colaborado con el Centro de Investigaciones Humanismo y Empresa de la Universidad del Istmo desde el año 2009 en la ejecución de varios proyectos de investigación en el área de trabajo balance-familia y ética empresarial, entre ellos la aplicación del IFREI en Guatemala.

Dirección de la investigación IFREI

Mireia Las Heras

Profesora Agregada de IESE Business School de la Universidad de Navarra, Directora de Investigación del Centro Internacional Trabajo Familia. Se graduó en Ingeniería Industrial en la Universidad Politécnica de Catalunya, es Máster por el IESE, y tiene un Doctorado en Administración de Empresas por la Universidad de Boston.

Ha publicado e investigado en temas relacionados con la integración trabajo-familia alrededor del mundo, sobre mujer y liderazgo, sobre desarrollo de trayectorias profesionales, así como sobre talento y generaciones. Directora del proyecto de investigación IFREI, que reúne a investigadores de más de veinte países. Junto a la Prof. Chinchilla, dirige la Conferencia Internacional Trabajo Familia, que cada dos años reúne en Barcelona a los mejores investigadores mundiales del área. Es consultora en NCH&Partners y también coach personal. @mireialasheras

Gemma Palet

Manager del Centro de Investigación de Personas en el ICWF del IESE Business School, desde septiembre de 2017.

Licenciada Administración y Dirección de Empresas por la Universitat Autònoma de Barcelona (UAB), tiene un máster en Dirección Financiera de la Empresa por la UPF y otro en Derecho Empresarial por la UAB. Posee más de diez años de experiencia como consultora de empresa.

Gemma Riera

Asistente de investigación del ICWF del IESE Business School.

Graduada en Economía por la Universidad Pompeu Fabra, tiene un máster en Análisis Económico Especializado por la Barcelona Graduate School of Economics.

A. INTRODUCCIÓN AL ESTUDIO DE LA RFC EN GUATEMALA

Hugo D. Cruz Rivas, *Ph.D.*
Director Ejecutivo
Centro de Investigaciones Humanismo y Empresa – Universidad del Istmo

1. Qué significa el presente documento

Para el Centro de Investigaciones Humanismo y Empresa, de la Universidad del Istmo, ha sido extremadamente importante ser un aliado, desde 2009, del Centro Internacional Trabajo y Familia (IESE Business School – Universidad de Navarra).

Gracias a esta alianza, han sido posibles cinco logros:

1.1 La recolección de datos de campo mediante el IFREI, para conocer el estado actual de la Responsabilidad Familiar Corporativa (RFC) en Guatemala. En el presente documento aportamos la síntesis de resultados de sucesivas campañas de aplicación del IFREI en 2011, 2013, 2015 y 2017.

1.2 La labor de docencia a través UNIS Business School desde 2012 hasta el presente. Se ha insertado la RFC como un tema del pensum de EMBA y MBA, con casos y notas técnicas de IESE Business School, de Harvard y de IPADE (México).

1.3 El acompañamiento a empresas locales para mejorar su nivel de RFC. Insertamos en el presente libro el caso de buenas prácticas de la empresa guatemalteca Agrocentro, S.A. que, como se verá al estudiar el caso, es líder de talla mundial en el tema.

1.4 La defensa de una tesis doctoral sobre RFC, titulada "Efectos de los entornos familiarmente responsables sobre la calidad de la motivación de los colaboradores", defendida en la Universidad de Navarra en 2012 (Cfr. Cruz, H., 2012).

1.5 La realización de eventos académicos de difusión-formación. En 2012, el Simposio Internacional sobre Balance Trabajo-Familia: ¿lujo o necesidad?); en 2013, el Simposio Internacional sobre Balance Trabajo-Familia: Paternidad, un valor empresarial por descubrir.

Por lo tanto, el presente libro, además de aportar datos, tiene el matiz de síntesis de diez años de cooperación académica con el Centro Internacional Trabajo y Familia.

El objetivo de este libro es que sirva como introducción al estudio de la RFC para lectores del mundo empresarial, del ámbito universitario y del sector público de Guatemala. En ese sentido, en el presente documento los lectores encontrarán:

a. El análisis y comentario de los resultados del IFREI en Guatemala, comparados con los resultados 24 países más (partes B, C, D y E del presente libro).

b. El caso de buenas prácticas de RFC de la empresa guatemalteca Agrocentro S.A. (Anexo F.1)

c. Una mirada a los logros de aplicación del IFREI en el país vecino, El Salvador (Anexo F.2), a cargo de la experta en RFC Carmen Helena de Velado (Presidente de la Fundación EMPREPAS). Por la cercanía con Guatemala, es de interés conocer cómo el sector empresarial organizado de ese país le ha dado relevancia al tema.

d. Un comentario sobre la importancia actual de la Responsabilidad Familiar Corporativa (RFC) en Chile y en América Latina, a cargo de la experta en RFC Dra. María José Bosch (Profesora de ESE Business School, Universidad de los Andes). Por el liderazgo de Chile en Latinoamérica, interesa conocer de primera mano por qué un país líder en la región está interesado en el bienestar de los trabajadores desde esta perspectiva.

Antes de pasar al desglose de los resultados del IFREI en Guatemala y en el mundo, conviene conocer brevemente los antecedentes de investigación sobre la RFC en nuestro país, aspecto que se abordará a continuación.

Por último, al final de esta introducción, se comentarán los aprendizajes obtenidos en estos diez años de labor de promoción de la RFC en Guatemala.

2. Antecedentes de investigación sobre RFC en Guatemala

Año 2006

El primer documento académico en el cual se hace referencia a algunos aspectos de lo que hoy conocemos como RFC en Guatemala es el que se titula "Estado de las políticas de conciliación en Hispanoamérica" (Hendricks, León y Chinchilla, 2006), un estudio de IESE Business School realizado con apoyo local de Tayasal Escuela de Negocios (ahora UNIS Business School). La muestra estudiada era de 26 empresas que se ubicaban en el rango de 50 a 250 empleados.

Este documento se basaba en la aplicación de un esquema de análisis conocido como Modelo de Empresas Familiarmente Responsables (EFR), con el cual se buscaba diagnosticar la realidad empresarial a partir de conocer el tipo de políticas existentes, los facilitadores y la cultura (frenos e impulsores) existentes para lograr la conciliación trabajo-familia. El modelo EFR se sintetizaba como aparece en la tabla siguiente:

Elementos Modelo EFR®

Elemento	Objetivo
1. Políticas	Determinar la disponibilidad y formalización de distintas políticas empresariales, clasificadas en cuatro grandes categorías.
2. Facilitadores	Identificar cómo la empresa pone en práctica los cuatro pilares del adecuado desarrollo e implantación de políticas flexibles y responsables.
3. Cultura (frenos e impulsores)	Reconocer la existencia o ausencia de las prácticas más comunes que condicionan el avance de la organización hacia una cultura flexible y responsable.
4. Resultados	Medir el impacto de los tres elementos anteriores, para establecer áreas de mejora continua que permitan seguir avanzado.

Fuente: Hendricks, León y Chinchilla, 2006, p. 3.

Este estudio consistía, por una parte, en una comparativa de legislación sobre conciliación trabajo-familia en Colombia, Brasil, México, Uruguay, Ecuador, Guatemala, Perú y España.

En cuanto a legislación de este tipo en Guatemala, el documento destacaba el derecho a 84 días de licencia por maternidad, 2 días de permiso por paternidad, y la obligación de tener un área acondicionada para el cuidado de hijos menores de 3 años (guardería en el lugar de trabajo) para toda empresa que tenga treinta o más mujeres trabajadoras.

Con los datos que recogía este estudio se puede establecer una comparativa sobre licencias por maternidad y permiso por paternidad en los países estudiados, con datos vigentes para 2006, como aparece en la siguiente tabla:

País	Número de días licencia por maternidad	Número de días permiso por paternidad
Brasil	120	0
Colombia	84	8 (se reduce a 4 si sólo uno de los padres cotiza)
Ecuador	84	0
Guatemala	84	2
México	84	0
Perú	90	0
Uruguay	84	3
España	112	2 (aumenta a 4 si se requiere desplazamiento)

Fuente: elaboración propia con base en Hendricks, León y Chinchilla (2006)

En el caso de Guatemala, esta normativa sigue sin cambios a 2019. En el caso de España, como es conocido, el permiso por paternidad aumentó en 2019 a 8 semanas; además está previsto que en 2020 pase a ser de 12 semanas y que, finalmente, en 2021 llegue a 16 semanas (Boletín Oficial del Estado Español, 7 de marzo de 2019).

Por otra parte, en cuanto al análisis de políticas, facilitadores, cultura, frenos e impulsores, cabe resaltar algunos de los hallazgos de aquella primera aproximación de 2006.

Las políticas de conciliación más frecuentes en Guatemala eran: la flexibilidad en los días de permiso y vacaciones cortas (contempladas por el 96% de las empresas de la muestra), el permiso de abandono del puesto de trabajo por emergencia familiar (92%) y el permiso especial para el cuidado de hijos/padres (71%). Las medidas menos frecuentes eran el teletrabajo (17%) y la jornada laboral reducida a cambio de reducción de salario (30%).

En cuanto a formación, los cursos más frecuentes eran los de gestión del tiempo (60%) y los menos frecuentes eran los de conciliación trabajo-familia (12%).

En cuanto a los facilitadores para crear una cultura de conciliación trabajo-familia, se señalaba que sólo el 48% de las empresas encuestadas indicó que sus directivos eran conscientes de la necesidad de diseñar e implementar medidas de conciliación. De hecho, se afirmaba que en el 70% de las empresas, las iniciativas llamadas "familiarmente responsables" no formaban parte de la agenda de los directivos.

Por otra parte, se señalaba que la adicción al trabajo (44%) era el mayor freno en la cultura de las empresas guatemaltecas, seguida por la expectativa de llevarse trabajo a casa (39%) y de trabajar más de 50 horas a la semana (35%) (Cfr. Hendricks, León y Chinchilla, 2006).

Año 2009

En 2009 se concretó la alianza entre el Centro de Investigaciones Humanismo y Empresa (CIHE), de la Universidad del Istmo y el Centro Internacional Trabajo y Familia del IESE Business School – Universidad de Navarra.

El primer resultado de esa alianza fue la aplicación de una segunda versión del estudio sobre Empresas Familiarmente Responsables en Guatemala. Esa encuesta incluía, nuevamente, preguntas sobre las políticas, los facilitadores y la cultura de la empresa en temas de conciliación. Los resultados se publicaron con el título "Estado de las políticas de conciliación trabajo-familia en empresas que operan en Guatemala" (Cruz, 2009).

En esta segunda versión, una vez aplicada la encuesta, el ICWF procesaba los datos y con base en una ponderación de la importancia de cada factor evaluado, emitía un diagnóstico. Este diagnóstico ubica a las empresas de la muestra en alguno de los siguientes niveles de desarrollo:

Niveles del modelo EFR y su interpretación

Nivel	Diagnóstico de la empresa	Interpretación
Nivel A	Sistemáticamente enriquecedora	La empresa ha llegado a una cultura organizacional familiarmente responsable
Nivel B	Discrecionalmente enriquecedora	Tiene políticas y existen prácticas familiarmente responsables pero sólo se aplican en algunos niveles o en casos particulares
Nivel C	Discrecionalmente contaminante	Tiene algunas políticas pero se aplican poco
Nivel D	Sistemáticamente contaminante	La empresa carece de políticas familiarmente responsables

En 2009, la encuesta del ICWF sobre empresas familiarmente responsables fue aplicada a un total de 53 empresas que operan en Guatemala. La mayor parte de los entrevistados eran Gerentes de Recursos Humanos de las empresas, salvo algunos casos en los que contestó el Gerente General o el propietario. El estudio se realizó por medio de entrevistas personales en las oficinas del entrevistado. El tamaño de las empresas, por número de empleados, oscilaba entre 100 y 5,000 trabajadores.

Distribución de las empresas por número de colaboradores (2009)

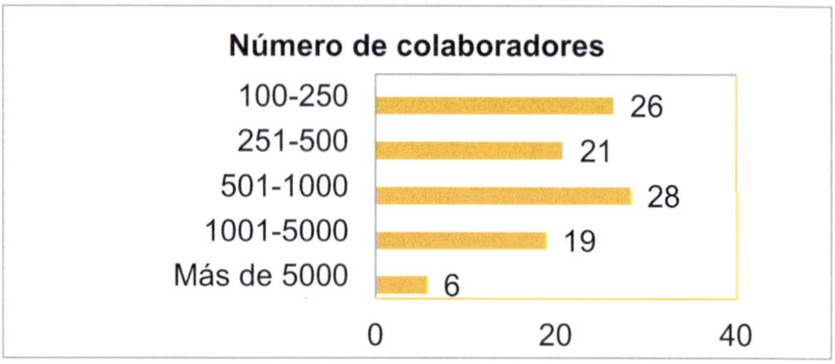

De estas 53 empresas 16 eran locales, 20 regionales y 17 transnacionales. Los resultados muestran que, de acuerdo con el modelo EFR, de las 53 empresas encuestadas 5 se clasifican como Sistemáticamente Enriquecedoras de una cultura familiarmente responsable (nivel A del modelo EFR); 27 son Discrecionalmente Enriquecedoras (nivel B); 21 son Discrecionalmente Contaminantes (nivel C); y ninguna de ellas es Sistemáticamente Contaminante (Nivel D). De las 17 empresas transnacionales encuestadas, 4 están en nivel A, 9 en B y 4 en C. En cuanto a las 20 empresas regionales, 1 está en nivel A, 10 en B y 9 en C. Por último, de las 16 empresas locales encuestadas 9 están en nivel B y 7 en C.

Distribución de las empresas encuestadas según modelo EFR (2009)

53 empresas encuestadas	Cantidad	%
Nivel A: Sistemáticamente Enriquecedora	5	9%
Nivel B: Discrecionalmente enriquecedora	27	51%
Nivel C: Discrecionalmente Contaminante	21	40%
Nivel D: Sistemáticamente Contaminante	0	0%
Total	53	100%

Las conclusiones a que llegaba aquel estudio de 2009 eran las siguientes:

- La política familiarmente responsable más frecuente en Guatemala era el permiso para dejar el lugar de trabajo por una emergencia familiar, lo cual era consistente con el estudio de 2006.
- Otras políticas frecuentes eran reinstalar en su puesto al colaborador que vuelve de un permiso largo; tener un calendario de vacaciones flexible; proveer seguro de vida y accidentes; y mantener las ventajas laborales después de un permiso largo.
- Las políticas que menos se aplicaban eran: contar con servicio de guardería para hijos de colaboradores; ofrecer trabajo a tiempo parcial; conceder permiso de maternidad y paternidad superior al que establece la ley; dar formación sobre las diferencias de estilo de trabajo entre hombres y mujeres; reducir jornada temporalmente a cambio de una reducción salarial; y brindar información sobre guarderías, colegios o centros para personas mayores o discapacitadas.
- Aunque se consideraba que los directores o ejecutivos de alto nivel en su mayoría estaban sensibilizados respecto al equilibrio trabajo/familia y eran ejemplo de conducta fami-

liarmente responsable, estas políticas eran utilizadas únicamente en la tercera parte de las empresas entrevistadas. Los directivos no se involucraban en la difusión de estas políticas. Se señalaba poco apoyo de grupos de colaboradores para implementarlas.

- El principal problema declarado por las empresas encuestadas era la dificultad para contratar colaboradores clave; en segundo lugar, la dificultad para conciliar trabajo y familia y en tercero, la poca iniciativa por parte de los colaboradores.
- Como mostraban los resultados, la principal característica de estas políticas era la discrecionalidad o irregularidad en su aplicación.
- Según lo observado, las políticas FR en las empresas encuestadas se mantienen en un nivel de discrecionalidad o irregularidad por una o varias de las siguientes razones: falta de comprensión de su importancia estratégica para el negocio; falta de interés de los propios colaboradores en su aplicación; falta de información sobre qué tipo de políticas pueden ser aplicadas además de las tradicionales (permiso por paternidad y maternidad); temor a que la implementación de estas políticas se convierta en un compromiso legal contraproducente para las empresas, dado el marco de legislación laboral de Guatemala.

Años 2010 - 2012

Entre 2010 y 2011 se realizó la investigación titulada "Efectos de los entornos familiarmente responsables sobre la calidad de la motivación de los colaboradores". Esta investigación fue defendida como tesis doctoral en diciembre de 2012 (Cruz, 2012). Para realizar esta investigación se aplicó la versión 2.0 del IFREI en 5 empresas ubicadas en Guatemala, España y Argentina.

La metodología aplicada en este estudio fue meramente cuantitativa, aplicando un modelo de ecuaciones estructurales. El modelo resultante, que satisface todos los indicadores propios de este tipo de modelos, se muestra en el Gráfico 1.

Gráfico 1
Resultados significativos del modelo estructural (Modelo simplificado) (Coeficientes estandarizados β)

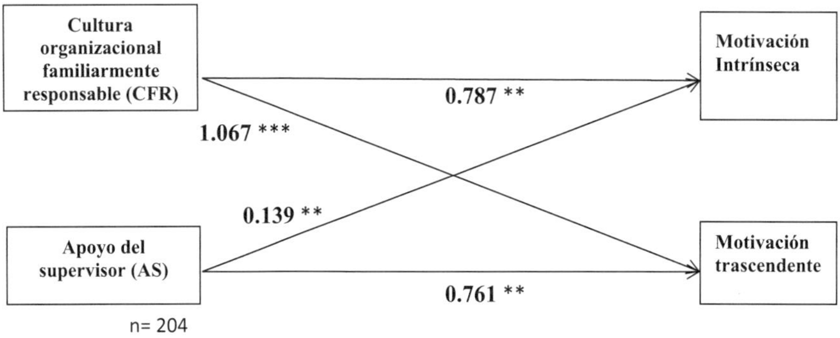

*** $p < 0.001$; ** $p < 0.01$; * $p < 0.05$

Fuente: Cruz (2012)

De una forma sintética y simplificada, lo que este modelo significa es que, en presencia de todas las variables del sistema:

- La cultura organizacional favorable con la integración trabajo-familia (variable CFR o cultura familiarmente responsable) ejerce un efecto directo y positivo sobre la motivación intrínseca (β= 0.787**) y sobre la motivación trascendente (β= 1.067***) de esos supervisados.
- El apoyo de los supervisores hacia los esfuerzos de integración trabajo-familia de sus supervisados (variable AS) ejerce un efecto directo y positivo sobre la motivación intrínseca (β= 0.139**) y sobre la motivación trascendente (β= 0.761**) de esos supervisados.

Análisis de los resultados

Los resultados empíricos encontrados por medio de esa investigación doctoral de Cruz (2012) condujeron al siguiente análisis.

La cultura familiarmente responsable (CFR) y el apoyo de los supervisores hacia los esfuerzos de conciliación de sus supervisados (AS) resultan de gran importancia para la empresa en el sentido de que estas variables tienen un efecto positivo y significativo sobre los motivos para actuar de los empleados. En particular, como se ha señalado, se encuentra soporte empírico para afirmar que la mejora en CFR y AS incidirá directa y positivamente en la mejora de la motivación trascendente (altruista) y en la motivación intrínseca de los colaboradores.

Cabe resaltar que estos resultados no son aislados sino que se suman a una serie de efectos positivos que la investigación ha reportado. Por ejemplo, que al mejorar CFR mejora el compromiso afectivo del empleado con la organización, disminuye la intención de dejar la empresa, disminuye el conflicto trabajo-familia, disminuyen los síntomas de estrés, aumenta la satisfacción con el trabajo y el enriquecimiento trabajo-familia (Thompson, et al, 1999; Andreassi y Thompson, 2008; Bond et al., 2002; Major et al., 2008; Mauno et al. 2005).

Por supuesto, una cultura organizacional que apoye a la conciliación trabajo-familia no es algo fácil de crear o mejorar ya que se trata de una realidad compleja. Sin embargo, los directivos de empresa pueden apoyarse en la investigación y en los documentos que genera la academia para tener un punto de partida o un esquema de trabajo.

Por ejemplo, los directivos pueden fomentar un ambiente donde sea bien visto y bien valorado que padres y madres tomen el tiempo necesario para cuidar de sus hijos recién nacidos o recién adoptados; política que debe ser acompañada, por supuesto, de una modalidad de trabajo por resultados y no tanto por horas presenciales.

Los padres quizás requieren de un mayor apoyo en este punto porque ya que, aunque puede darse también un ambiente negativo hacia los períodos pre y posnatal de las madres, al menos ellas gozan de una protección legal más amplia en torno a la maternidad, lo cual permite que se cumpla al menos con el mínimo necesario de ese derecho. En el caso de los padres, existe el riesgo de la presión social que conduce a una desvinculación del hombre con las tareas de cuidado de los hijos o tareas propias del hogar.

Parte del desarrollo de una cultura familiarmente responsable tiene que ver con el desarrollo de motivos trascendentes para actuar. Pero una cultura organizacional adversa hacia el involucramiento del padre en el hogar hace que los hombres sean más susceptibles de abdicar de su derecho de tiempo para el cuidado hijos.

Es importante señalar aquí, para tranquilidad de los directivos de empresa, que una condición necesaria para lograr la integración trabajo-familia es la auto-exigencia en eficacia, eficiencia y productividad. No toda la responsabilidad recae sobre la empresa o sobre los directivos. Integrar trabajo-familia no significa trabajar menos o trabajar mal. Significa trabajar con más orden: orden en la agenda, orden en los procesos productivos de la empresa y, sobre todo, orden en los afectos y las emociones (Chinchilla y Moragas, 2009).

Un serio obstáculo cultural para lograr el balance trabajo-familia en las organizaciones es el desconocimiento de la importancia del involucramiento del hombre en el hogar. Un desconocimiento que tiene sus raíces en una historia que entendió muy mal la separación de roles entre hombre y mujer. El involucramiento del padre en las tareas cotidianas de cuidado de los hijos es importante por varias razones. Por una parte, puede llegar a representar un apoyo de alta calidad para la madre en cuanto a tiempo y disposición de ayuda, lo cual es crucial en el caso de parejas donde ambos cónyuges trabajan. Por otra parte, la presencia cotidiana del padre en el hogar es un factor relevante para el correcto desarrollo cognitivo y emocional de los hijos, sean hombres o mujeres. Finalmente, este involucramiento hace surgir o mejorar competencias en el hombre. Algunos ejemplos pueden ser la capacidad de atención a varias tareas a la vez, la sensibilidad para percibir las necesidades en los demás (desarrollo de motivos trascendentes), la coordinación y planificación de tareas o la capacidad de escuchar al cónyuge y de adelantarse a sus necesidades (de nuevo, motivos trascendentes). De acuerdo con la teoría de Greenhaus y Powell (2006) sobre el enriquecimiento entre roles, las competencias adquiridas en el rol de padre tendrán un efecto positivo en el rol trabajo.

Por tanto, la responsabilidad social específica de la empresa en este punto es fomentar una cultura favorable con la conciliación trabajo-familia. Sería una falta de responsabilidad social que los directivos de la empresa fomentaran formal o informalmente una cultura que condujera al olvido o minimización de la responsabilidad del padre en el hogar.

Años 2013 y 2015.
Estudios cualitati os sobre paternidad

El Boston College Center for Work and Family llevó a cabo en el año 2010 un estudio cualitativo basado en 33 entrevistas de profundidad para analizar el rol de los padres dentro del contexto de su carrera profesional. El estudio fue publicado con el título "The New Dad: exploring fatherhood within a career context" (Harrington, Van Deusen y Ladge, 2010).

En el CIHE tomamos como referencia ese estudio y realizamos una réplica en Guatemala (Cruz, Umaña y Gómez, 2015). Hicimos el estudio con dos grupos objetivos: gerentes generales y mandos medios. El objetivo era acercarnos a los padres que ocupan posiciones directivas y gerenciales, para luego compararlo con la visión de los mandos medios, para conocer su experiencia y cómo ambos roles, como padres y como profesionales, logran armonizarse.

Las características de la muestra estudiada por Harrington, Van Deusen y Ladge (2010) se detalla en la tabla siguiente:

Datos descriptivos de la muestra del estudio sobre paternidad de Harrington, Van Deusen y Ladge (2010)

Indicadores cuantitativos	**Promedio**	**Mediana**	**Rango**
Edad de los padres entrevistados	**34.03**	**33**	**28-47**
Edad de los hijos	**11.5 meses**	**10 meses**	**1-48 meses**
Grado de satisfacción en el trabajo (1-10)	**7.92**	**8**	**6-10**
Tiempo de descanso por paternidad (días)	**10.82 días**	**10 días**	**3-90 días**
Importancia de su carrera para su identidad	**3.54**	**4**	**2-5**
Involucración en el cuidado de los hijos	**4.16**	**4**	**2-5**
Opinión de sí mismo como padre (1-5)	**4.03**	**4**	**2.5-5**
Horas que trabaja a la semana	**49.26**	**47.5**	**40-65**
Horas al día que pasa con los hijos durante la semana	**3.3**	**3.21**	**1-9**

Horas a la semana que la esposa dedica a trabajar en alguna actividad remunerada desde casa	**36.22**	**40**	**0-60+**
Tiempo de casados	**4.98**	**5**	**1-9**

Fuente: Harrington, Van Deusen y Ladge (2010, p. 36)

En su estudio, el Boston College Center for Work and Family encontró que los padres de familia entrevistados efectivamente manifiestan un cambio en sus actitudes y conductas, comparando su vida antes y después de ser padres. Además, esos hombres están claramente repensando y redefiniendo los roles que tradicionalmente se han asignado al padre en cuanto al cuidado de los hijos. Esos hombres se definen como hombres felices ejerciendo su rol de padres y expresan interés en hacer todo lo posible por volver pronto a casa y dedicar tiempo a sus hijos.

Los padres entrevistados por Boston College provienen de hogares donde el padre estaba fuera de casa durante el día mientras su la madre se encontraba en el hogar, al menos durante su niñez. Estos nuevos padres que crecieron en ese esquema están esforzándose por trabajar duro de tal manera que les quede tiempo de volver a casa y hacerse cargo de tareas domésticas, cuidar de sus hijos y tener tiempo con sus esposas.

En muchos de los casos, los entrevistados señalan que no imaginaron cuánto tiempo debe dedicarse al cuidado de los hijos pero que han decidido buscar ese tiempo aún a expensas de restárselo a actividades personales que ellos solían disfrutar. Sus prioridades interiores han cambiado pues en el fondo ahora asignan más importancia a la familia que al trabajo. De hecho, algunos reportan que ajustaron sus ambiciones de crecimiento profesional de tal forma que el trabajo les permita atender sus nuevas responsabilidades como padres (Cfr. Harrington, Van Deusen y Ladge, 2010, p. 12).

Objetivos generales del estudio replicado en Guatemala

- Conocer el punto de vista de los hombres en Guatemala acerca de la integración del trabajo, la familia y la vida personal a través de su experiencia como padres y como profesionales. Se buscaba conocer cómo ambos roles se integran y se enriquecen mutuamente así como los conflictos que puedan existir.

- Comprender el impacto que la paternidad tiene en la carrera, aspiraciones, actitudes y comportamientos de los entrevistados.

Tipo de investigación

Con el objetivo de profundizar en el conocimiento de los padres ejecutivos de las empresas entrevistadas se utilizó **metodología cualitativa** mediante la técnica de **entrevistas a profundidad.**

Grupo objetivo

ESTUDIO 2013: Veinticinco hombres con altos cargos directivos o gerenciales, que son padres de familia, que viven y trabajan en la ciudad de Guatemala o alrededores, que actualmente tienen hijos en edad escolar o preescolar (menores de 18 años), que viven con ellos y con la madre de sus hijos, que son asalariados (no propietarios de la empresa en que trabajan). Adicionalmente se buscó que fueran directores o gerentes de empresas con más de 50 empleados.

ESTUDIO 2015: Veinticinco hombres con cargos en gerencias o medias o jefaturas, que son padres de familia, que viven y trabajan en la ciudad de Guatemala o alrededores, que actualmente tienen hijos en edad escolar o preescolar (menores de 18 años), que viven con ellos y con la madre de sus hijos, que son asalariados (no propietarios de la empresa en que trabajan). Adicionalmente se buscó que fueran ejecutivos de empresas con más de 50 empleados.

Datos específicos del grupo estudiado

Se logró entrevistar a directivos o altos ejecutivos (estudio 2013) y gerencias medias, supervisores o jefaturas (2015) tanto del sector servicios como del sector industrial y agroindustrial. Dentro de cada sector existe una gran variedad de tipos de empresas. El detalle de los tipos de empresas en las que trabajan estos entrevistados se refleja en la Tabla 8.

Los descriptivos demográficos y personales de los entrevistados en el estudio de Guatemala pueden observarse en la tabla siguiente:

Datos descriptivos de la muestra del estudio cualitativo sobre paternidad realizado en Guatemala por el CIHE (2013 y 2015)

Indicadores cuantitativos	Promedio		Rango	
	2013	2015	2013	2015
Edad de los padres entrevistados	**40.4**	**40.6**	**30-48**	**31-50**
Edad de los hijos	**8.3**	**10**	**3 meses - 21 años**	**3 meses - 23 años**
Grado de satisfacción en el trabajo (1-10)	**8.8**	**8.5**	**7-10**	**5.5-10**
Tiempo de descanso por paternidad (días)	**3.5**	**8.1**	**0-18**	**0-35**
Importancia de su carrera para su identidad	**4.16**	**4.3**	**1-5**	**2-5**
Involucración en el cuidado de los hijos	**3.3**	**3.6**	**1-5**	**1-5**
Opinión de sí mismo como padre (1-5)	**3.9**	**3.9**	**3-5**	**3-5**
Horas que trabaja a la semana en oficina de lunes a viernes	**49.2**	**49.4**	**35-60**	**35-60**
Horas al día que pasa con los hijos durante la semana de lunes a viernes	**2.2**	**3.0**	**45 min a 4 horas**	**1-5**
Porcentaje de esposas que trabajan	**50%**	**80%**		
Horas a la semana que la esposa dedica a trabajar en alguna actividad remunerada	**5.5**	**6.1**	**3-13**	**1-11**
Tiempo de casados	**11.8**	**13.6**	**2-22**	**1-23**

Fuente: elaboración propia

Conclusiones de los estudios cualitativos comparados

Ambos grupos tienen una visión muy similar en cuanto a la paternidad y el balance trabajo-familia, ambos con opiniones positivas y en apoyo al tema.

En ambos grupos la edad promedio es de 40 años de edad, tienen en promedio entre 12 y 14 años de casados, y tienen dos hijos en promedio. Ambos grupos coinciden en que dedican 49 horas a la semana (de lunes a viernes) al trabajo en la oficina. El grupo de directivos/altos ejecutivos dedica en promedio 2.2 horas al día entre semana a estar con sus hijos, y el grupo de mandos medios un promedio de tres horas. El 50% de las esposas de los directivos/altos medios trabaja, muchas de ellas en trabajos flexibles en casa; mientras que el 80% de las esposas de los mandos medios trabaja, la mayoría de ellas fuera de casa.

La mayoría de entrevistados considera que existe flexibilidad cuando se trata de temas familiares, aunque no esté formalizado en una cultura que incluya políticas de integración trabajo-familia. Entre el total de entrevistados (50), se encontraron únicamente dos casos de empresas con políticas establecidas de balance trabajo-familia: Una empresa permite salir algunos días a las 4:30 p.m. para poder estar más temprano con sus familias rotando el horario de salida; otra empresa, da el beneficio de home-office 2 o 3 veces por semana. En ambos grupos, en una escala de 1 a 5, donde 5 es la mejor calificación, se autocalifican con una nota promedio de 3.9 como padres.

La mayoría de los entrevistados de ambos estudios se encuentra satisfecho con el grado de integración trabajo-familia que han alcanzado, sin embargo, muchos están conscientes que el tiempo que le dedican a la familia es limitado por las horas dedicadas al trabajo más las horas que pasan en el tráfico. En el grupo de ejecutivos de mandos altos, consideran que podrían estar mejor si tuvieran que viajar menos. En el grupo de ejecutivos de mandos medios, la percepción es que podrían estar mejor si gozaran de más flexibilidad laboral y de mayor comprensión de sus superiores acerca de sus responsabilidades como padres.

De acuerdo a lo que se concluyó en el estudio del año 2013 y ahora consistente con el estudio del 2015, de forma consistente con los resultados de Harrington, Van Deusen y Ladge (2010), cuya investigación sirve de punto de referencia para el presente estudio, en los entrevistados se observa la tendencia, fruto del cambio generacional, de enfocar la paternidad como una responsabilidad que va más allá de proveer el sustento económico para la familia. A la par de esa responsabilidad, los entrevistados en Guatemala subrayan que ser padres conlleva dar formación integral a los hijos (subrayando la formación espiritual) y ser un soporte emocional tanto si se trata de hijos como de hijas.

En general, reconocen que el ser padre influye de una manera positiva en el trabajo. Se desarrollan cualidades que aplican tanto en la vida familiar como en el trabajo. Se menciona principalmente el sentido de responsabilidad, lo que se refleja en la forma de trabajar. También se desarrolla el buen trato hacia los compañeros y la toma de decisiones.

Por otra parte, los directivos/altos ejecutivos entrevistados consideran que el hecho de ser padres tiene consecuencias positivas y profundas para su desempeño profesional ya que ser padres les ha dado competencias específicas entre las cuales señalan:

- Motivación para ser cada vez mejor persona
- Se vuelven más competitivos
- Al tener más responsabilidades, se rinde mejor en el trabajo
- Los hace trabajadores más comprometidos
- Se analizan mejor las decisiones, ya que pueden afectar a la familia
- Se convierten en jefes con mayor empatía y comprensión en cuanto a las situaciones de sus trabajadores
- Ser padre le da tema de conversación y le genera empatía, principalmente con clientes con intereses en común
- Se esfuerzan más ya que tienen que dar un buen ejemplo a los hijos
- Se tienen deseos de superación; la paternidad se convierte en un motivador
- Se toman decisiones mejor analizadas y más prudentes

Finalmente, cuando se les pregunta qué aspectos de su vida les influyeron para tener una visión tan positiva de la paternidad como la que tienen, los entrevistados afirman que la estructura familiar que vivieron durante su niñez y adolescencia les marcó profundamente. Para unos, el haber crecido en una familia integrada les condujo al propósito de replicar esa unidad en su propio matrimonio y en su propia familia. Para otros, el haber crecido en un hogar con ausencia de padre o madre y ver el esfuerzo de ese padre o madre soltero(a) o viudo(a) les hizo sacar el propósito de no repetir ese esquema en su propia familia.

En conclusión, los ejecutivos entrevistados valoran altamente la familia, son plenamente conscientes de su identidad y de su responsabilidad como padres, se esfuerzan por integrar el trabajo y la familia y encuentran algunas barreras estructurales en sus respectivas organizaciones que les impiden lograr el grado de integración que desean.

Por otro lado, y por las respuestas de los participantes en ambos grupos y la orientación que dan a ellas, en cuanto a unión familiar, estabilidad del hogar, cuidado del hogar, se puede decir que los ejecutivos tanto de mandos medios como de altos mandos cuentan con un hogar estable y tienden a aportar esta misma estabilidad a las empresas en las que trabajan. Además, independientemente del nivel ejecutivo que ejerzan, desarrollan un mayor nivel de compromiso al convertirse en padres de familia. Como jefes, también aporta el ser padres de familia, ya que pueden llegar a comprender y manejar mejor algunas situaciones que se presentan con los subalternos.

Recomendaciones

Los entrevistados reconocen que en sus respectivas organizaciones no existe una cultura explícita de integración trabajo-familia. Por tanto, en Guatemala es necesario impulsar dos tipos de acciones a alto nivel empresarial. Por una parte, es necesario crear programas formativos de alta dirección que incluyan estrategias y métodos que los altos ejecutivos puedan aplicar en sus organizaciones de tal manera que les permita tener los conocimientos y las herramientas para lograr que la integración trabajo-familia deje de ser un privilegio de la alta dirección y pase a ser una cultura generalizada soportada en programas que busquen tanto la rentabilidad para la empresa como el beneficio para los colaboradores.

Por otra parte, es necesario incorporar en los programas de formación de los futuros líderes empresariales los conocimientos relacionados con la Responsabilidad Familiar Corporativa (RFC), de tal forma que quienes ahora se preparan a nivel universitario lleguen a ocupar los cargos directivos con un enfoque claro sobre la importancia de la RFC para la sostenibilidad de la empresa.

3. Aprendizajes durante estos 10 años de trabajo sobre la RFC en Guatemala

Estos diez años de estudio sobre la realidad de la RFC en Guatemala nos han permitido estar en contacto con importantes modelos teóricos, con datos de campo, pero también con empresas locales. Esto nos ha permitido tener una visión integral sobre hacia dónde avanzar y cómo superan las dificultades las empresas locales. De ese cruce de experiencias teóricas y prácticas podemos sintetizar lo siguiente:

- **La diferencia la marcan las convicciones de los altos directivos.** Cuando los altos directivos de empresa comprenden la centralidad de las personas en la organización, todo se facilita. Por un lado, hay apertura para estudiar seriamente los frenos e impulsores de una buena cultura oganizacional, aplicando buenos instrumentos de diagnóstico. Por otra parte, hay compromiso de tomar medidas preventivas (innovadoras) y correctivas, a tiempo y con seriedad.
- **Es bueno contrastar resultados de diferentes estudios sobre clima y cultura organizacional.** Las empresas que aplican el IFREI además de sus habituales encuestas de clima organizacional, comprenden mejor los resultados de esas encuestas.
- **En Guatemala hay grandes retos pero también hay excelentes empresas.** Es importante superar el pesimismo pues no todo va mal en Guatemala. La aplicación del IFREI en varias organizaciones nos ha permitido ver que, cuando hay convicciones directivas a favor de las personas, las políticas funcionan y las culturas mejoran. Para muestra un botón: el caso Agrocentro S.A. que hemos documentado y hemos incluido en este libro para referencia de todos.
- **La disrupción también es importante en políticas laborales.** La experiencia nos dice que en Guatemala son posibles muchas políticas a favor de la RFC que no riñen con la

legislación laboral. Es verdad que las políticas laborales más favorables con la RFC van más allá de la ley, pero también es verdad que no la contradicen ni la rompen; simplemente, la superan. El permiso de paternidad superior a lo que establece la ley, el horario flexible, el home office, las cajas de ahorro, los seguros médico-hospitalarios subsidiados por la empresa, las asesorías legales y financieras para empleados, etc., son políticas que tienen algo en común: no están previstas por la ley pero no están prohibidas por la ley. Cabe superar el legalismo en materia laboral con un planteamiento disruptivo: ¿qué contribuye más a la sostenibilidad de la empresa? ¿qué genera más compromiso y satisfacción en los colaboradores? Y, por cierto, los resultados en términos de mejora del clima laboral y de retención del talento compensan por mucho el costo inherente de algunas de esas políticas. Lo que se necesita es una cierta valentía para ser disruptivo. Lo bueno es que ya hay empresas en Guatemala que lo están demostrando.

Referencias

Andreassi, J.K. y Thompson, C.A. (2008), "Work-family culture: current research and future directions", en Korabik, K., Lero, D.S., y Whitehead, D.L. (2008), Handbook of Work-Family Integration. Research, Theory, and Best Practices, UK: Elsevier Inc., capítulo 18, pp. 331-352.

Bond, J., Thompson, C., Galinsky, E. y Prottas, D. (2002), Highlights of the National Study of the Changing Workforce, New York: Families and Work Institute.

Chinchilla, N. y Moragas, M. (2009), Dueños de nuestro destino: Cómo conciliar la vida profesional, familiar y personal, Barcelona: Ariel.

Cruz, H. (2012) [tesis doctoral] "Efectos de los entornos familiarmente responsables sobre la calidad de la motivación de los colaboradores", Universidad de Navarra. Disponible en PDF descargable en línea.

Cruz, H. (2009), "Estado de las políticas de conciliación trabajo-familia en empresas que operan en Guatemala", Centro de Investigaciones Humanismo y Empresa, Universidad del Istmo, Informe 53-2009.

Cruz, H., Umaña, M., Gómez, E. (2015), "Ser padre y ejecutivo en Guatemala: ¿cuidamos lo importante? Comparativa de resultados de dos estudios cualitativos realizados con ejecutivos del área metropolitana", Centro de Investigaciones Humanismo y Empresa, Universidad del Istmo.

Greenhaus, J.H. y Powell, G.N. (2006), "When work and family are allies: a theory of work-family enrichment", Academy of Management Review, 31 (1), pp. 72-92.

Harrington, Van Deusen y Ladge (2010)," The New Dad: exploring fatherhood within a career context", Center for Work and Family, Boston College.

Hendricks, A., León, C. y Chinchilla, M. (2006), ""Estado de las políticas de conciliación en Hispanoamérica", Centro Internacional Trabajo y Familia, IESE Business School, Estudio No. 36, marzo 2006.

Major, D. A., Fletcher, T. D., Davis, D. D., y Germano, L. M. (2008), "The influence of work-family culture and workplace relationships on work interference with family: a multilevel model", Journal of Organizational Behavior, 29 (7), pp. 881-897.

Mauno, S., Kinnunen, U. y Piitulainen, S. (2005), "Work-Family Culture in Four Organizations in Finland", Community, Work and Family, 8 (2), pp. 115-140.

Thompson, C.A., Beauvais, L. y Lyness, K. (1999), "When Work-Family Benefits are not Enough: the Influence of Work-Family Culture on Benefits Utilization, Organizational Attachment, and Work-Family Conflict", Journal of Vocational Behavior, 54, pp. 392-415.

B. INTRODUCCIÓN AL ESTUDIO IFREI

En el año 1999 el International Center for Work and Family (ICWF) del IESE creó el IFREI (IESE Family Responsible Employer Index), para medir la Responsabilidad Familiar Corporativa (RFC) y su impacto en las personas, en la sociedad y en los resultados de las empresas.

El estudio IFREI es un modelo antropológico y holístico. Es antropológico, porque está basado en el paradigma antropológico de persona a la que sitúa como centro y pilar de la empresa. Es holístico, porque comprende la empresa en sus diversas dimensiones, como un conjunto de personas que desean generar riqueza y repartirla del modo más equitativo posible, produciendo un bien o servicio. La producción de dicho bien o servicio debe, por una parte, satisfacer necesidades reales de los clientes y, por otra, conseguir que quienes componen la empresa desarrollen sus capacidades y satisfagan sus necesidades personales y profesionales.

En el diagnóstico IFREI han participado a lo largo de los años más de 45,000 personas, en más de 20 países de los cinco continentes. La información se recoge en diversos formatos, lo que permite contrastar la información facilitada por los directivos y supervisores de cada empresa con la de sus colaboradores, y a la vez analizar las diferencias entre países. El estudio IFREI se convierte así en un reflejo significativo y fiable de lo que pasa en las organizaciones y en los países en los que se desarrolla el estudio.

Desde el ICWF de IESE Business School junto a todos nuestros partners, tenemos constancia de que esta iniciativa es de gran importancia no solo para las empresas con las que hemos tenido el placer de trabajar, sino para las familias de sus empleados y para la sociedad en general. Por ello agradecemos el apoyo de todos y cada uno de los partners. La empresa es hoy la institución que mayor impacto económico y social tiene en el mundo en que vivimos. Es un motor capaz de generar, no solo valor económico añadido, sino también valor social y es capaz de fomentar en gran medida el desarrollo humano. Las empresas influyen de modo decisivo en cómo viven sus empleados y los recursos que les quedan al salir de trabajar (económicos, de tiempo y de energía) para satisfacer otros roles vitales. Las empresas deben pues, responder a las necesidades personales y familiares de sus empleados con flexibilidad y buen criterio. Solo de ese modo dichas organizaciones, sus empleados y el entorno en el que se desarrollan saldrán beneficiados de un modo sinérgico y sustentable.

1. ¿Qué es la Responsabilidad Familiar Corporativa (RFC)?

1.1 La RFC se define

"como el compromiso de las empresas de impulsar el liderazgo, la cultura y las políticas de flexibilidad que faciliten en sus organizaciones la integración de la vida laboral, familiar y personal de sus empleados".

La RFC impacta en:

- Las personas. Facilita la organización de su tiempo y de trabajo, de m odo que no interfiera en sus responsabilidades con sus familias. Disminuye el tiempo dedicado a los desplazamientos y favorece el rendimiento.
- Las empresas. Disminuye el absentismo laboral, amplía los horarios de atención al público y aumenta el compromiso de las personas. Es esencialmente necesaria y positiva en industrias o sectores con cambios constantes de producto o de servicio, donde los empleados tienen un valor añadido mayo.
- La sociedad. Reduce la contaminación ambiental, al disminuir el número de desplazamientos. Baja losniveles de estrés y otras enfermedades relacionadas y, por tanto, también los costes en servicios de salud. Favorece la demografía y el rendimiento escolar e incrementa el nivel educativo del país, ya que los padres pueden dedicar más tiempo a la educación de sus hijos, disminuyendo las adicciones y la criminalidad.

La RFC nace de la convicción de que sin familias no existe capital humano ni capital social, lo que, en consecuencia, acabaría con el mercado. Se trata de un tema de sostenibilidad empresarial y social, y no de una simple moda pasajera con la intención de crear una buena reputación corporativa."[1]

1 Cfr. Chinchilla, N. y Jiménez, E. (2014). La responsabilidad familiar corpora-

1.2 Modelo de trabajo del estudio

El nivel de RFC se determina en función de tres dimensiones que constituyen el entorno en el que el empleado trabaja, y que inciden en que el trabajador pueda balancear o no su vida laboral, personal y familiar: **las políticas formales, el apoyo del supervisor y la cultura organizativa.**

- **Políticas formales:** Se refiere tanto a aquellas políticas que promueven la flexibilidad horaria como las que facilitan el trabajo desde lugares alternativos, o un apoyo para cuidar de la familia.
  - **Políticas que facilitan la flexibilidad horaria:**
    - Horario de trabajo flexible
    - Semana comprimida (p.ej., medio día libre a cambio de un horario de trabajo más largo durante el resto de la semana)
    - Trabajo a tiempo parcial (horario de trabajo reducido a cambio de salario reducido)
    - Trabajo compartido (las responsabilidades de un puesto a tiempo completo son compartidas entre dos o más empleados)
  - **Políticas que fomentan el trabajo desde lugares alternativos y evitan desplazamientos:**
    - Teletrabajo (se permite que los empleados trabajen desde un lugar alternativo a la oficina, p.ej., desde su casa)

---

tiva, núcleo de la responsabilidad social. Nota técnica DPON-119, IESE Business School (Barcelona), Universidad de Navarra, p. 4.

  - Calendario de vacaciones flexible que se adapte a las necesidades del empleado

- **Apoyo al cuidado de la familia:**
  - Fácil acceso a la información sobre las prestaciones para el equilibrio entre la vida familiar y laboral en su organización
  - Guardería en el centro de trabajo
  - Información sobre guarderías y escuelas o sobre centros de día o residencias de ancianos
  - Subsidio para cuidado de niños o para la asistencia de dependientes

- **Apoyo a la persona:**
  - Programa de bienestar (control del estrés, ejercicio, fitness, etc.)
  - Seminarios, talleres o sesiones de información sobre la integración de la vida laboral y familiar
  - Asesoramiento profesional y/o personal

- **Apoyo en situaciones puntuales:**
  - Permiso con sueldo (superior a 2 días) para cuidar de un familiar enfermo, anciano o con dependencia
  - Permiso de maternidad más allá del mínimo legal
  - Permiso de paternidad más allá del mínimo legal
  - Permiso para abandonar el lugar de trabajo debido a una emergencia familiar

- S**upervisor:** se refiere al estilo de dirección y a los comportamientos específicos de apoyo a la conciliación. Un modo concreto de tomar las decisiones, basado en la finalidad de ayudar a las personas a desarrollar las habilidades y actitudes necesarias para mejorar su competencia distintiva. El estilo directivo facilitará la integración trabajo-familia en la medida en que tenga en cuenta sus necesidades personales y familiares, y esté dispuesto a fomentar que satisfaga dichas necesidades.
  - Con el IFREI se pregunta a los participantes en qué medida perciben que su supervisor:

- Dedica tiempo a escuchar sus problemas laborales y personales
- Dedica tiempo para conocer sus necesidades
- Le hace sentir cómodo hablando sobre sus conflictos laborales y personales
- Habla con él para resolver eficazmente los conflictos
- Es digno de confianza para solucionar los posibles conflictos de horario
- Es un buen modelo de balance en el trabajo y fuera del trabajo
- Organiza el departamento de modo que beneficie a los empleados y a la empresa

- **Cultura:** es consecuencia de los valores en acción de la dirección, es decir, los criterios que los directivos tienen en cuenta a la hora de tomar las decisiones. Se expresan en cómo se trata a las personas que componen la organización y las expectativas que se crean sobre lo que las personas deberían hacer.

  En concreto en nuestro modelo IFREI medimos:

  - Las expectativas respecto la maternidad-paternidad: ¿Se facilita y se fomenta que las personas tomen las licencias por maternidad o paternidad?
  - La repercusión que tiene el uso de la flexibilidad sobre el desarrollo de la trayectoria personal y en las promociones. En concreto: ¿Se dificulta la promoción a personas comprometidas con su hogar y su familia? ¿Se promociona a personas que utilizan la flexibilidad?
  - Las expectativas horarias y de dedicación. Específicamente: ¿Se espera que los empleados trabajen más horas de las *firmadas en sus contratos? ¿Se les interrumpe habitualmente su tiempo de familia con requerimientos laborales? ¿Se espera que prioricen el trabajo por encima de la familia?*

1.3 Los distintos entornos

En función del número de políticas a las que la persona tiene acceso en su puesto de trabajo, y muy especialmente en función de los comportamientos de su supervisor/líder, y de la cultura en la que trabaja, el IFREI clasifica dicho entorno como A: Enriquecedor; B: Favorable; C: Desfavorable; D: Contaminante.

Tal como muestra la siguiente figura, la idea es que estos entornos están dentro de un continuo, en el que el extremo inferior izquierdo representa el peor de los ambientes para el empleado, mientras que el extremo superior izquierdo representa el mejor. Tal como indica la flecha, la capacidad de mejorar un entorno es gradual, y debe llevarse a cabo de modo sistemático.

Es importante subrayar que el modelo IFREI habla de entornos, y que en una empresa existen tantos entornos como personas la integran. Cada una de las personas que desarrollan su actividad en la empresa tendrá acceso a unas políticas específicas, desarrollará su trabajo con un supervisor/líder concreto, y percibirá la cultura de un modo u otro. Sin embargo, mientras que en unas empresas – o países- una gran mayoría de personas reportan desarrollar su labor en un entorno enriquecedor (o favorable) en otras la mayoría de personas reportan hallarse en un entorno contaminante (o desfavorable). A lo largo de estas páginas veremos las consecuencias que esto comporta a nivel individual y agregado.

El siguiente epígrafe describe cada uno de estos entornos:

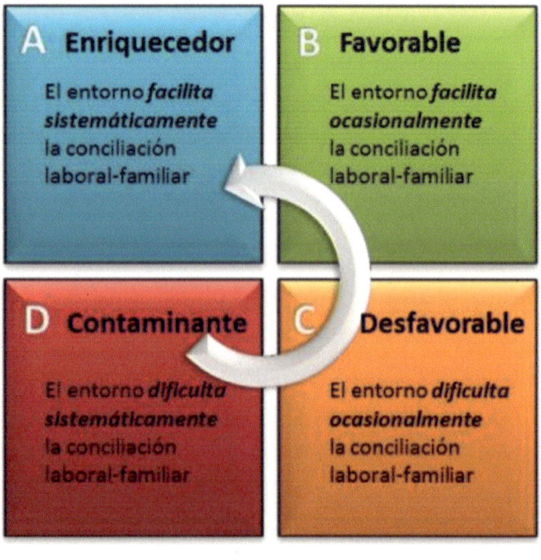

A

El entorno laboral es muy positivo y favorece la integración trabajo-familia-vida personal sistemáticamente. Estos ámbitos se enriquecen mutuamente, logrando un alto nivel de satisfacción y compromiso.

- ✓ Existen políticas formales bien definidas, implementadas, y aceptadas por todos.
- ✓ Se respetan las decisiones de cada persona en relación a su integración familia, trabajo y vida personal.
- ✓ Los supervisores comprenden las demandas familiares de sus colaboradores y procuran facilitar la conciliación.
- ✓ Los valores que definen la cultura promueven un clima de trabajo enriquecedor que favorece la Responsabilidad Familiar Corporativa.

B

El entorno laboral facilita la integración trabajo-familia-vida personal. Estos ámbitos se enriquecen de forma ocasional, pudiendo surgir conflictos que los propios empleados han de afrontar personalmente.

- ✓ Existen políticas formales, aunque no siempre están suficientemente definidas ni aceptadas por todos.
- ✓ Se respetan de forma ocasional las decisiones de cada persona en relación a su integración familia, trabajo y vida personal.
- ✓ Los managers asumen en un nivel aceptable las demandas familiares de sus colaboradores y facilitan la conciliación en determinadas circunstancias.
- ✓ Los valores que definen la cultura promueven un clima de trabajo favorable hacia la Responsabilidad Familiar Corporativa.

C

El entorno laboral dificulta frecuentemente la integración trabajo-familia-vida personal. Estos ámbitos entran de forma habitual en conflicto, generando en los empleados la percepción de falta de apoyo de la organización, estrés e insatisfacción.

- ✓ Las políticas formales se implementan de forma limitada y tienen escaso impacto en las personas.
- ✓ Los managers dificultan el equilibrio entre trabajo, familia y vida personal de sus colaboradores.
- ✓ Los valores que definen la cultura no promueven el clima adecuado para el desarrollo de la Responsabilidad Familiar Corporativa.
- ✓ Como resultado no se logra el nivel de compromiso requerido por la organización.

D

El entorno laboral dificulta sistemáticamente la integración entre trabajo, familia y vida personal. Estos ámbitos entran de forma sistemática en conflicto, generando en los empleados insatisfacción y un alto grado de estrés, favoreciendo la desmotivación y el deseo de dejar la empresa.

- ✓ Las políticas existentes no están implementadas.
- ✓ Los managers no están comprometidos con la flexibilidad.
- ✓ Los valores que definen la cultura dificultan el clima adecuado para el desarrollo de la Responsabilidad Familiar Corporativa.
- ✓ Como resultado se generan problemas en las relaciones interpersonales, limitando el rendimiento y el compromiso de los empleados.

1.4 Impacto de la RFC en la organización, en los empleados y en su entorno social

El entorno de RFC es relevante tanto para la organización, como para las personas que trabajan (y sus familias) y también para la sociedad en su conjunto. Dicho entorno de RFC tiene un efecto directo sobre las personas que se desarrollan en él. Una persona que tiene a su alcance las políticas, el liderazgo y la cultura necesarias para poder tener una vida en la que el trabajo y la familia se enriquezcan, es una persona que en su puesto de trabajo se siente más valorado y puede desarrollar un estilo de vida más sano y cultivar más su formación humana e intelectual.

La RFC tiene un impacto muy relevante sobre la capacidad de producción (de bienes o servicios) de las empresas. Las empresas están compuestas por personas, y por experiencia personal, corroborada por las ciencias sociales, sabemos que las personas tienen una tendencia natural a la reciprocidad. Por lo tanto, personas más satisfechas y más agradecidas al trato recibido, serán también personas con una mayor inclinación a contribuir a la empresa a conseguir su misión. Además, solo cuando los empleados tienen otras responsabilidades satisfechas, solo cuando gozan de salud, solo cuando dedican recursos a cultivarse intelectual y socialmente, es cuando están en condiciones de aportar al máximo.

Por último, la RFC tiene un impacto sobre la sociedad en su conjunto. El ámbito social se configura en torno al ámbito familiar y organizativo. Depende intrínsecamente de ellos. Más bien está conformado por estos, siendo de hecho la familia la célula básica que conforma cualquier sociedad. Por lo tanto, el bien de la sociedad en su conjunto está, en gran medida ligado al bien de las familias. Cuando las personas pueden aportar su máxima capacidad al desarrollo familiar, dedicando tiempo y esfuerzo, por ejemplo, a tareas de educación de los hijos o de acompañamiento de personas mayores, la sociedad en su conjunto sale beneficiada. Así pues, el entorno de RFC en el que la persona trabaja, tiene una repercusión similar a la que puede tener el vertido de residuos frente a la reforestación. Mientras que el vertido es nocivo para la sociedad en su conjunto, la reforestación es buena. De modo análogo: mientras que un alto nivel de RFC aporta a la sociedad en su conjunto, un nivel ínfimo de RFC tiene un coste social alto.

PERSONAS

El entorno en el que trabaja la persona afecta de modo directo al empleado y a su modo de vida.

Un entorno enriquecedor o favorable facilita que la persona tenga una mayor calidad de vida, mejor salud, y se sienta más respetada y estimada por la empresa y los que la representan.

Esto tendrá repercusiones a nivel organizacional.

EMPRESAS

Los entornos en los que trabajan las personas de la empresa influencian la capacidad de la empresa de dar respuesta a las necesidades de los clientes de un modo efectivo y eficiente.

Empleados con niveles de salud elevados, comprometidos con la empresa, y que se sienten valorados, serán más capaces, y tendrán mayor deseo, de facilitar la consecución de la misión empresarial. Clientes, proveedores y dueños de la empresa saldrán beneficiados.

SOCIEDAD

Los entornos en los que trabajan las personas de la empresa influencian la capacidad que estas tienen de dar respuesta a sus responsabilidades sociales: como miembros de una comunidad, como padres y madres de familia, y como cuidadores de personas mayores, entre otros.

Personas con mejor salud, que se sienten respetadas y estimada por sus empresas y por los que la representan serán más capaces de dar respuesta a estas responsabilidades, lo cual será un bien para todos los ciudadanos de su entorno social.

2. Objetivo del estudio IFREI

El objetivo de este informe es realizar un diagnóstico sobre la situación actual de Guatemala con respecto a la integración de la vida laboral, personal y familiar de sus empleados con el propósito de:

- ✓ Identificar el estado actual de la Responsabilidad Familiar Corporativa en el país.
- ✓ Mostrar el impacto que tiene la RFC sobre variables de interés para los empleados, la organización y la sociedad.

Sólo conociendo el nivel de RFC en el que una persona, o un conjunto de personas, se encuentran, es factible hacer planes realistas de mejora. Sólo midiendo la repercusión de la RFC sobre las personas, las empresas y la sociedad, somos conscientes de la importancia de fomentarla por las diversas vías posibles.

3. Metodología del estudio IFREI sobre la Responsabilidad Familiar Corporativa

La metodología utilizada en el IFREI pertenece al ámbito cuantitativo. El estudio recoge datos de muestras suficientemente grandes como para que las tendencias que estos muestran, sean significativas. Es decir: que cuando los gráficos muestren que "a mayor X → mayor Y" estos tendrán un nivel de significancia estadísticamente relevante.

Estos datos muestran:

- La evolución respecto a años anteriores, cuando el país ha aportado una muestra en otras ocasiones
- La comparativa con otros países que han recogido muestras similares

Todos los datos del IFREI se recogen con escalas. Es decir: para cada constructo (por ejemplo, cultura o estilo de liderazgo) se utilizan varias preguntas que:

- Recogen las diversas dimensiones de que está compuesto el constructo. Por ejemplo, Cultura organizacional de RFC tiene tres sub-dimensiones:
    - **Respeto a las bajas maternales/paternales**
    - **Repercusión de la flexibilidad sobre el desarrollo de la trayectoria profesional**
    - **Expectativa de horas de trabajo**

En este ejemplo, "cultura" se mide con nueve preguntas que:

- Han sido validadas estadísticamente con una serie de test muy rigurosos en muestras suficientemente grandes, y en distintos contextos.

- Aseguran que la persona comprende lo que se le pregunta y es consistente en su respuesta.
- Han sido traducidas del idioma en el que fueron inicialmente desarrolladas (la mayoría en inglés) siguiendo un método validado por la comunidad científica.

Hemos comprobado el nivel de consistencia de todas las escalas que se utilizan en el estudio IFREI, y todas ellas ofrecen una confiabilidad elevada, por encima de lo que la comunidad académica requiere para que los datos sean científicamente válidos.

4. Muestra del estudio IFREI 1.5 a nivel mundial y en Guatemala

El estudio IFREI 1.5 se viene desarrollando desde el año 2010 en más de 20 países donde se han recogido más de 45.000 respuestas.

América del Norte y Central		América del Sur	África	Asia	Europa
Canadá	Honduras	Argentina	Costa de Marfil	Filipinas	España
Costa Rica	República Dominicana	Brasil	Kenia		Francia
El Salvador		Colombia	Nigeria		Holanda
Guatemala		Chile			Italia
México		Ecuador			Polonia
Panamá		Perú			
		Uruguay			
		Venezuela			

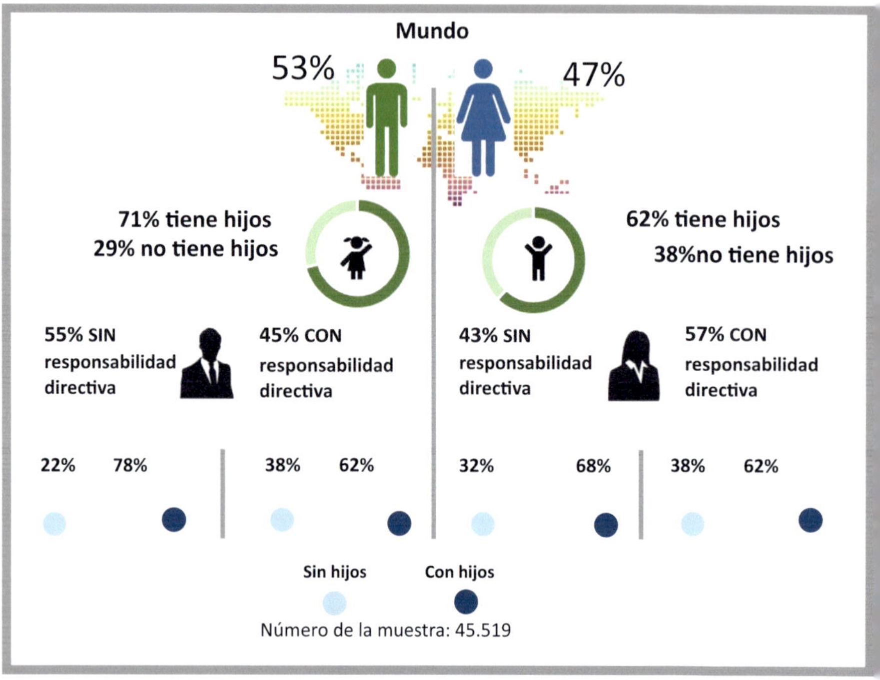
Mundo
53%
47%
71% tiene hijos
29% no tiene hijos
62% tiene hijos
38%no tiene hijos
55% SIN responsabilidad directiva
45% CON responsabilidad directiva
43% SIN responsabilidad directiva
57% CON responsabilidad directiva
22%
78%
38%
62%
32%
68%
38%
62%
Sin hijos
Con hijos
Número de la muestra: 45.519

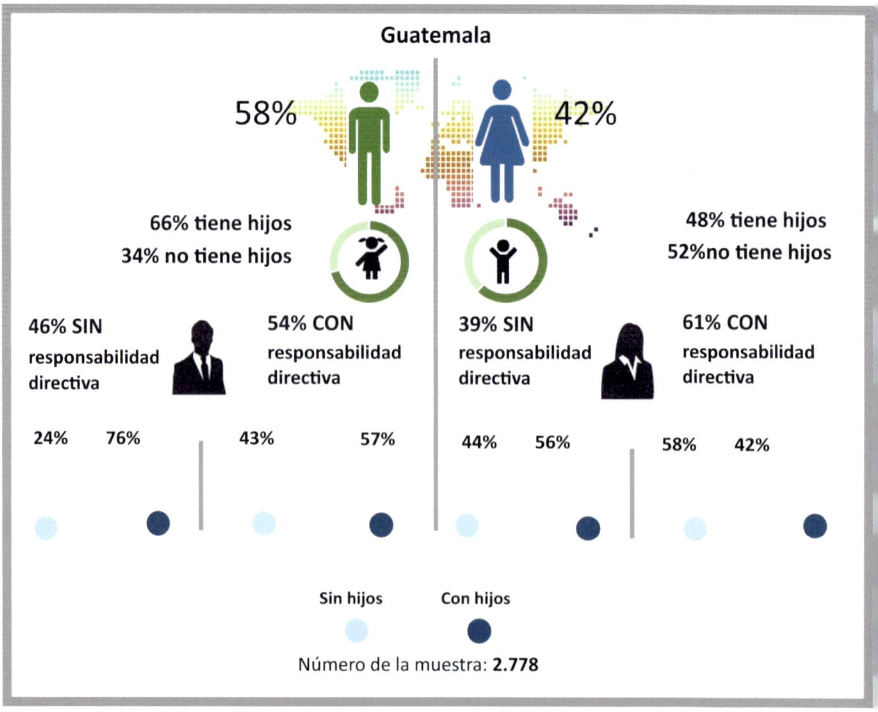
Guatemala
58%
42%
66% tiene hijos
34% no tiene hijos
48% tiene hijos
52%no tiene hijos
46% SIN responsabilidad directiva
54% CON responsabilidad directiva
39% SIN responsabilidad directiva
61% CON responsabilidad directiva
24%
76%
43%
57%
44%
56%
58%
42%
Sin hijos
Con hijos
Número de la muestra: 2.778

Distribución de los entornos ABCD según el IFREI en las muestras del mundo (n= 45,519) y de Guatemala (área metropolitana) (n= 2,778)

Mundo Guatemala

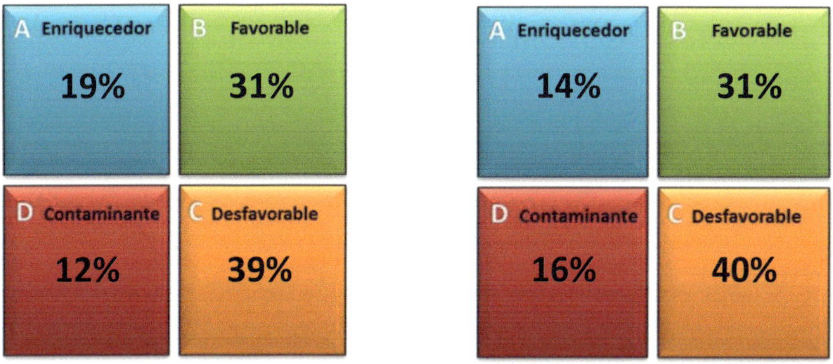

C. DIMENSIONES DE LA RESPONSABILIDAD FAMILIAR CORPORATIVA: POLÍTICAS, LIDERAZGO Y CULTURA

1. Políticas de RFC:

Por políticas de RFC nos referimos a *las prácticas formalizadas dentro de una organización que apoyan básicamente la conciliación laboral y familiar de sus empleados*. También las podríamos definir como las reglas fundamentales diseñadas y comunicadas por la empresa.

1.1 Flexibilidad en el tiempo y en el espacio

Las políticas de flexibilidad en el tiempo y en el espacio son aquellas que favorecen que la persona pueda trabajar en horarios que se ajusten mejor a sus necesidades y compromisos familiares, o desde lugares alternativos al standard –oficina o sede de la empresa. De este modo puede atender mejor las necesidades familiares y también trabajar de modo más efectivo y eficiente. Estas políticas no requieren necesariamente una dedicación menor al trabajo, sino que en muchos casos la dedicación de tiempo al trabajo puede ser la misma –o incluso superior – pero desde lugares o en horarios, que se adaptan mejor a las necesidades de la persona.

Horario laboral flexible

- El horario flexible consiste en tener la posibilidad de decidir a qué hora empezar y a qué hora terminar la jornada laboral, siempre que se cumpla el mínimo de horas establecidas entre el empleado y la empresa. Es la medida más frecuente y en líneas generales podemos afirmar que no supone un coste directo para la empresa, solo reorganización interna y dirigir esa flexibilidad. Las empresas pueden aprovechar esta medida para alargar el horario de atención alpúblico,por ejemplo, sin queello suponga uncoste.

Tiempo parcial

- Los empleados tienen la opción de reducir su jornada, ya sea a la mitad (media jornada), ya sea en una proporción variable acordada con su superior inmediato y de acuerdo con la ley y el convenio. Muchas empresas lo establecen para todos los empleados de modo quetodos ellos, porejemplo, no trabajen losviernes por la tarde.

Semana comprimida

- Los empleados pueden trabajar más horas al día a cambio de un día (o medio día) libre a la semana. Junto con el horario flexible, esta es una medida con bajo coste para el empresario y un alto índice de satisfacción en el empleado y además de incidir positivamente en su productividad. Es especialmente aconsejable cuando la persona, por ejemplo, tiene largos desplazamientos al lugar detrabajo.

Trabajo compartido

- Práctica en que dos personas comparten un puesto de trabajo comportando una mayor flexibilidad, apoyo mutuo y posibilidad de cubrir largas jornadas de trabajo. Es aconsejable especialmente, para trabajos que requieren muchas horas de dedicación y que los horarios son, en cierto modo, imprevisibles.

Teletrabajo

- Trabajo que la persona realiza desde su casa, por lo menos durante una parte de la semana y le es posible realizarlo gracias a los medios tecnológicos. La empresa se encarga de proveer al empleado la infraestructura necesaria (ordenador, conexión a internet, wifi, etc.) para que pueda trabajar desde su casa en casos puntuales o durante una temporada de modo permanente. Esta medida puede suponer un ahorro considerable para la empresa -espacio, gasto energético-así como para el trabajador - coste de desplazamientos, gastos generados por noestar en casa.

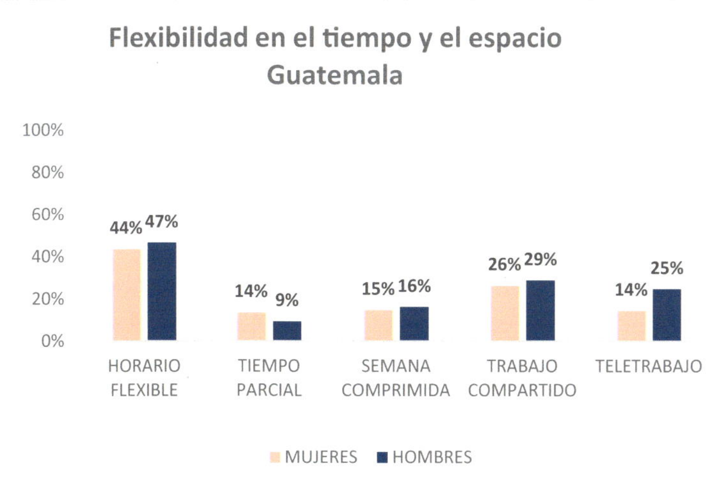

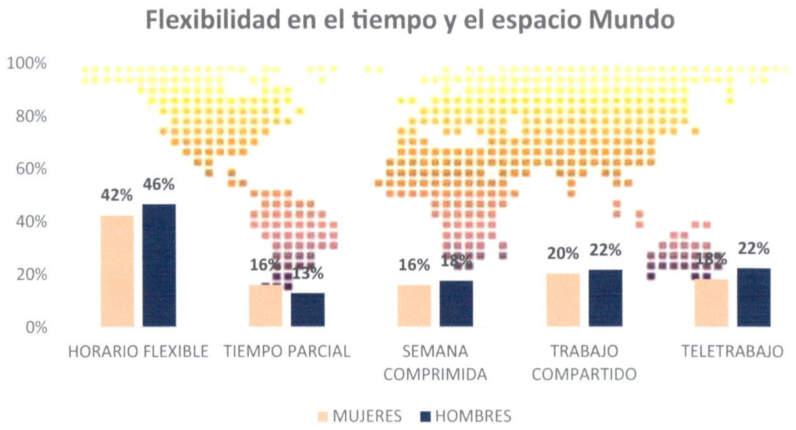

Evolución de las políticas de flexibilidad en el tiempo y el espacio en el mundo

	2011	2013	2015	Evolución
Horario flexible	53%	41%	56%	
Tiempo parcial	16%	12%	22%	
Semana comprimida	21%	15%	20%	
Trabajo compartido	30%	19%	15%	
Teletrabajo	27%	16%	29%	

1.2 Apoyo Familiar

El apoyo familiar se refiere a aquellas políticas que fomentan que la persona contribuya a la satisfacción de las necesidades de su familia.

Abandonar el lugar de trabajo debido a una emergencia familiar	• Permite que el empleado se ausente del lugar de trabajo sin tener que justificarlo con anterioridad, para dar respuesta a una urgencia familiar.
Subsidios para el cuidado de niños o para la asistencia de dependientes	• Provee a los empleados de una ayuda económica para subsidiar el coste de la guardería, o del colegio, o del centro de día/residencia de una persona mayor, como modo de facilitar que el empleado satisfaga sus necesidades familiares.
Guardería en el centro de trabajo	• Facilitar servicios de guardería gratuitos en el mismo lugar de trabajo, o bien una subvención en una guardería convencional vía ticket-guardería. Las guarderías en el lugar de trabajo tienen un importante atractivo a nivel organizativo, ya que mejoran claramente el rendimiento de los empleados.
Baja maternidad/baja paternidad	• Las madres y padres pueden quedarse en casa una vez consumido el período estipulado por la ley con o sin renunciar a su sueldo durante ese tiempo. Se les garantiza volver a su antiguo puesto de trabajo después de su ausencia.

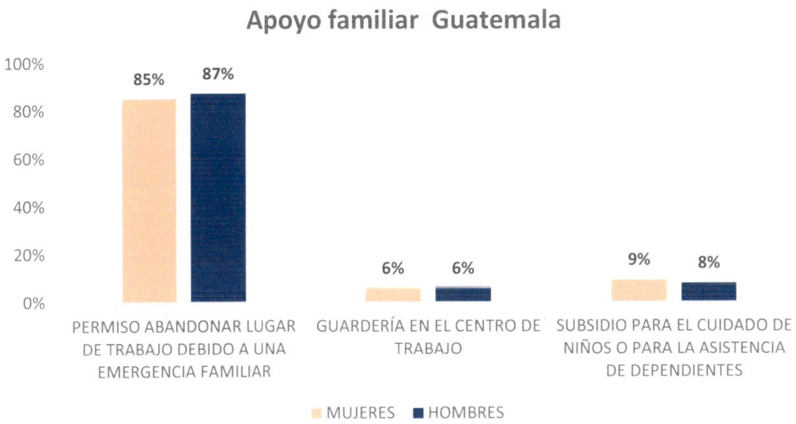

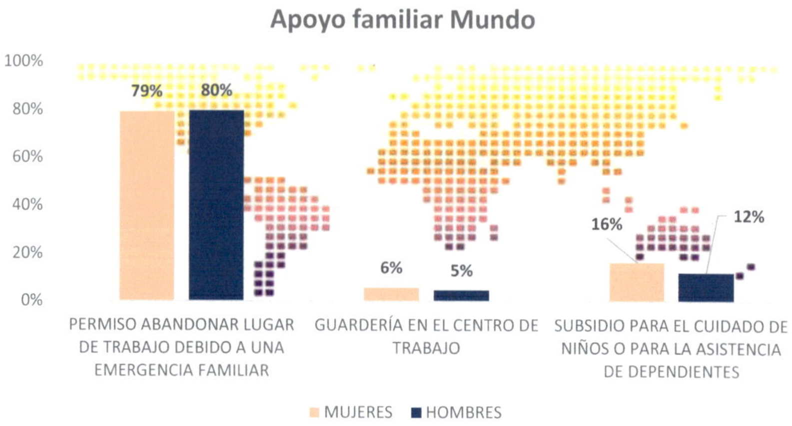

Evolución de las políticas de apoyo familiar en el mundo

	2011	2013	2015	Evolución
Permiso abandonar lugar de trabajo por emergencia familiar	**71%**	**73%**	**86%**	
Guardería en el trabajo	**9%**	**7%**	**4%**	
Subsidio cuidado de niños/asistencia dependientes	**14%**	**13%**	**10%**	

Baja de paternidad/maternidad Guatemala

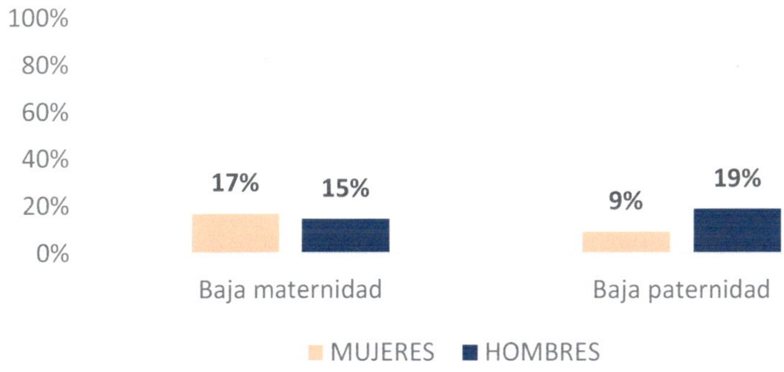

Baja de paternidad/maternidad Mundo

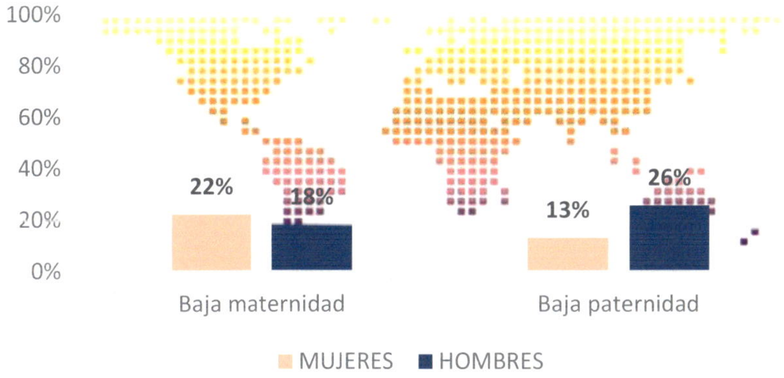

Evolución de las políticas de baja de paternidad/maternidad más allá de la ley en el mundo

	2011	2013	2015	Evolución
Baja paternidad	27%	24%	20%	
Baja maternidad	31%	22%	18%	

1.3 Información

Asesoramiento profesional y personal	• La mentoría y el coaching son dos servicios esenciales para poder aplicar las políticas de flexibilidad y ayudar a la conciliación de la vida laboral, familiar y personal. Para poder adaptar el puesto de trabajo en función de los cambios en el ámbito personal y familiar, la empresa debe disponer de un sistema para detectar, tratar y seguir estos cambios.
Información sobre guarderías/escuelas o centro de día/residencias de ancianos	• Los empleados pueden consultar al Departamento de Personal o en la Intranet para obtener información sobre guarderías y colegios cercanos a la empresa, así como centros para el cuidado de ancianos y discapacitados. En muchos casos la empresa ha establecido acuerdos que suponen un ahorro economico, una preferencia de acceso, etc..
Información sobre prestaciones para la conciliación	• La empresa facilita información e incluso paga una cuota pre-establecida, a empresas que ofrecen servicios puntuales o habituales (de cuidad, limpieza etc.) necesarios para satisfacer las necesidades de la familia.
Seminarios, talleres o sesiones de información sobre la conciliación laboral y familiar	• Las políticas de formación y desarrollo en gestión del tiempo van dirigidas a generar las competencias necesarias para ser eficaz en el hogar, a concientizar sobre la necesidad de priorizar la utilización del tiempo y a mostrar modos de mejorar la vida familiar. Facilitan la utilización racional del tiempo, incrementan la madurez del empleado y mejoran su desempeño.

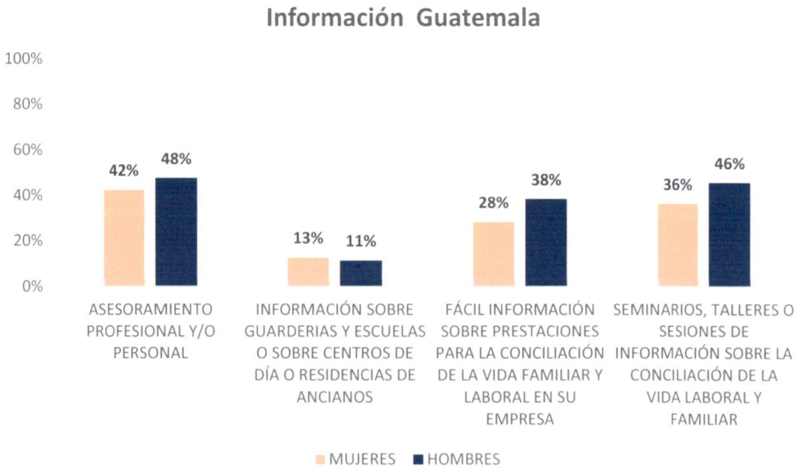

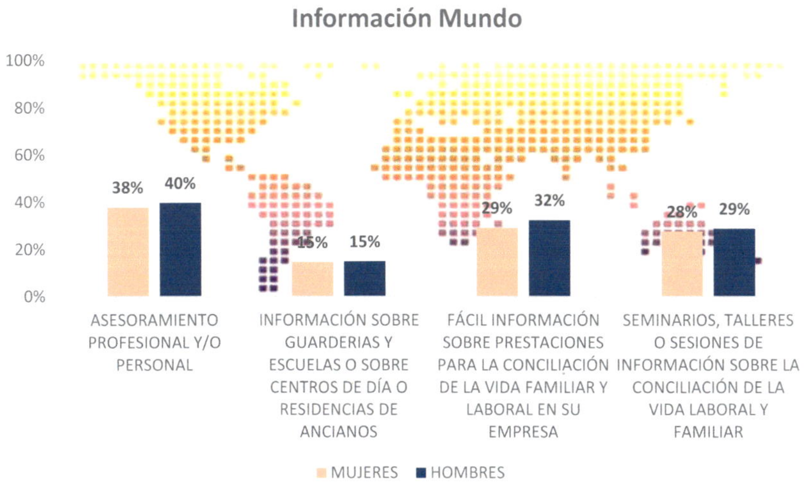

Evolución de las políticas de información en el mundo

	2011	2013	2015	Evolución
Asesoramiento profesional y/o personal	31%	36%	33%	
Información sobre guarderías y escuelas	23%	16%	10%	
Fácil información sobre prestaciones para la conciliación	31%	26%	22%	
Seminarios, talleres, información sobre conciliación	35%	29%	21%	

Responsabilidad Familiar Corporativa

1.4 Políticas futuras más deseadas y cambio de jornada en Guatemala

Políticas futuras más deseadas	
Trabajo compartido (las responsabilidades de un puesto a tiempo completo son compartidas entre dos o más empleados)	11%
Permiso de paternidad más allá del mínimo legal	9%
Fácil acceso a la información sobre las prestaciones para la conciliación de la vida familiar y laboral en su organización	9%
Teletrabajo (se permite que los empleados trabajen desde un lugar alternativo a la oficina, p.ej., desde su casa.)	8%

1.5 Tipo de jornada

	PARCIAL	COMPLETA
	6%	94%
	13%	87%

	Trabaja a tiempo completo pero preferiría trabajar a tiempo parcial	Trabaja a tiempo parcial pero preferiría trabajar a tiempo completo
	31%	43%
	55%	26%

2. Liderazgo de RFC

Las políticas de conciliación son necesarias para fomentar la conciliación trabajo-familia. Sin embargo, no son suficientes para lograrlo. Un entorno de RFC es aquel en el que el líder, el superior jerárquico que toma las decisiones que atañen al empleado, muestra comportamientos que fomentan que este pueda mostrar sus necesidades, generar alternativas en caso de que sea necesario, probarlas, evaluarlas, y ajustarlas. Los supervisores juegan un papel primordial a la hora de decidir asignación de proyectos, de horarios, de cargas de trabajo, entre otras cosas. Por ello, sus decisiones influyen de modo esencial en la capacidad de los empleados de conciliar trabajo y familia.

Hay cuatro tipos de conductas que los líderes pueden mostrar que facilitan la conciliación de sus empleados:

- Apoyo emocional
- Apoyo instrumental
- Manager como modelo a seguir
- Gestión de las políticas de balance trabajo-familia

APOYO EMOCIONAL	Es la percepción de los empleados de ser escuchados por el supervisor cuando quieren compartir alguna cuestión referente a la necesidad de conciliar trabajo y familia. El supervisor que da apoyo emocional manifiesta conductas tales como conocer las circunstancias familiares y personales de sus colaboradores, expresar interés en la forma en que el trabajo afecta a las responsabilidades familiares, y manifestar respeto, comprensión y sensibilidad hacia estos aspectos.
APOYO INSTRUMENTAL	Carácter reactivo que consiste en satisfacer las necesidades de conciliación trabajo-familia que sus colaboradores presentan en el día a día. El soporte instrumental implica la interpretación y aplicación de políticas formales o el ajuste de horarios, a fin de que los colaboradores puedan cumplir con las responsabilidades propias de su vida personal y familiar.
MANAGER COMO MODELO A SEGUIR	Consiste en la adopción de estrategias y buenas conductas en materia de conciliación por parte del supervisor. De este modo el supervisor actúa como ejemplo a seguir por sus colaboradores. También consiste en compartir ideas o sugerencias sobre estrategias que han ayudado al supervisor a encontrar una mejor conciliación entre su vida laboral y familiar.
GESTIÓN DEL BALANCE TRABAJO-FAMILIA	Es una conducta de carácter proactivo, estratégico e innovador. Está orientada a generar condiciones favorables a la conciliación. Consiste en acciones dirigidas a gestionar el tiempo, el lugar o los métodos de trabajo de modo que se facilite a los empleados el cumplimiento de sus responsabilidades familiares, cuidando a la vez de las necesidades de la empresa, de los clientes y de los compañeros de trabajo.

Este constructo en su modo original se llama FSSB (Family Suportive Supervisor Behavior). En él, para medir sus cuatro dimensiones, Hammer y otros (2009) desarrollaron y validaron una escala de catorce ítems. El IFREI utiliza una escala abreviada de siete de esos ítems. Cada una de las preguntas se mide con escala de Likert de 1 a 7.

2.1 Liderazgo de RFC

Es interesante percatarnos de que las dimensiones de esta escala miden comportamientos del líder que:

1- Suponen que este asume sus responsabilidades básicas, como es el conocer las circunstancias familiares y personales del empleado.

2- Mostrar, ejemplificar con la propia vida, la importancia de la conciliación.

Sin embargo, los encuestados muestran que sus supervisores en muchos casos no desarrollan este tipo de comportamientos. Esta falta de comportamientos RFC puede resultar en un coste enorme para la empresa; por otra parte, desarrollar este tipo de comportamientos de RFC solo requiere convencimiento, para lo cual puede ser muy útil la formación en estos ámbitos.

Las siguientes tablas muestran como los colaboradores (hombre o mujer) evalúan a sus líderes (según hombre o mujer) en una escala que va de: "**muy alto**", "**alto**", "**bajo**" y "**muy bajo**". Los líderes que obtienen la mayor puntuación –**muy alto**- son aquellos a los que sus colaboradores los perciben como excelentes en la RFC. Es decir, aquellos que fomentan la Responsabilidad Familiar Corporativa, mostrándose abiertos y sensibles a la conciliación trabajo-familia-vida personal de sus colaboradores. Por el contrario, cuando la valoración de los líderes se sitúa en el peor tramo de la escala -**muy bajo –** refleja que sus colaboradores no los ven como ejemplares en la RFC, ni confían en ellos para solucionar posibles problemas o conflictos laborales /personales.

GUATEMALA

Apoyo emocional líder

	Hombre líder	Mujer líder
Hombre colaborador	ALTO	ALTO
Mujer colaboradora	BAJO	BAJO

Apoyo instrumental del líder

	Hombre líder	Mujer líder
Hombre colaborador	BAJO	ALTO
Mujer colaboradora	BAJO	ALTO

Líder como modelo a seguir

	Hombre líder	Mujer líder
Hombre colaborador	BAJO	ALTO
Mujer colaboradora	BAJO	ALTO

Percepción de una excelente gestión de políticas del líder

	Hombre líder	Mujer líder
Hombre colaborador	BAJO	ALTO
Mujer colaboradora	BAJO	ALTO

MUNDO

Apoyo emocional líder

	Hombre líder	Mujer líder
Hombre colaborador	BAJO	ALTO
Mujer colaboradora	BAJO	ALTO

Apoyo instrumental del líder

	Hombre líder	Mujer líder
Hombre colaborador	BAJO	ALTO
Mujer colaboradora	BAJO	ALTO

Líder como modelo a seguir

	Hombre líder	Mujer líder
Hombre colaborador	BAJO	ALTO
Mujer colaboradora	BAJO	ALTO

Percepción de una excelente gestión de políticas del líder

	Hombre líder	Mujer líder
Hombre colaborador	BAJO	ALTO
Mujer colaboradora	BAJO	ALTO

2.2 Evaluación del supervisor: Qué competencias demuestra

Además de los comportamientos de RFC, los líderes deben mostrar una serie de actitudes y aptitudes que fomenten el trabajo eficiente, efectivo y sostenible en la organización.

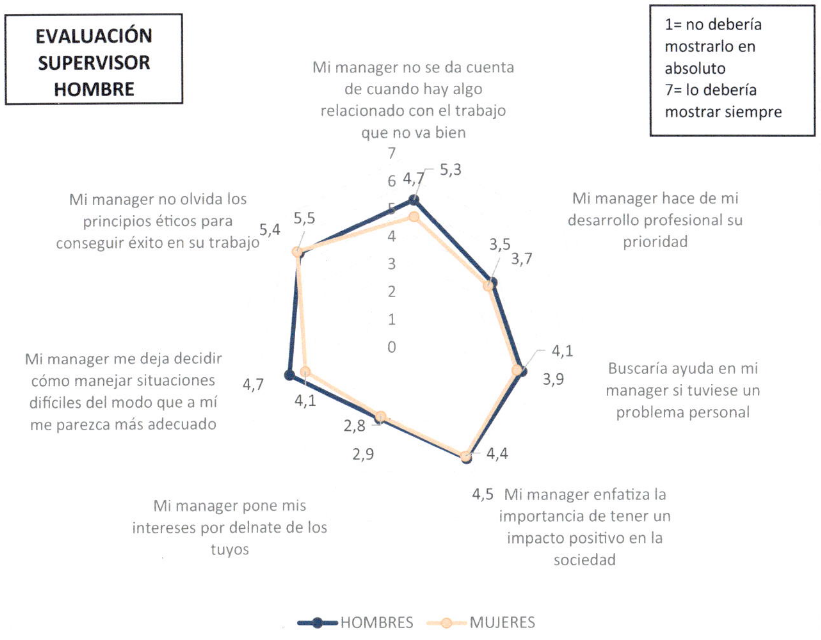

Aunque estos comportamientos no afectan directamente el entorno de RFC, en el IFREI queremos también tomar el pulso a las competencias y actitudes que los líderes muestran hacia sus colaboradores. Específicamente las competencias y actitudes que hacen de ellos "líderes que sirven", [1]es decir: medimos el grado de competencia técnica, pero también de voluntad de favorecer el crecimiento y fomentar el bienestar de los colaboradores, todo ello realizado con un alto standard de valores

1 Linden R., y otros (2013)

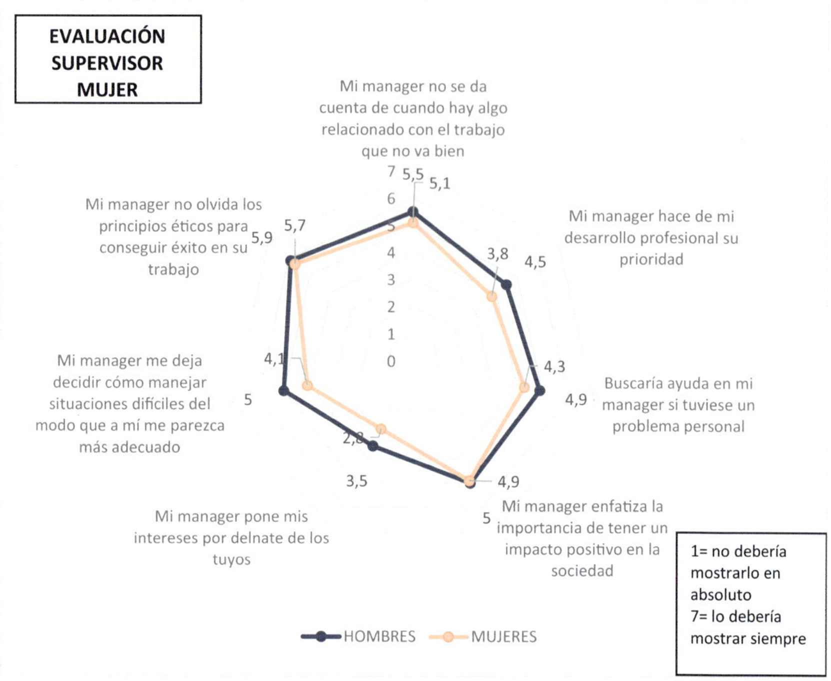

2.3 Preferencias de los colaboradores: Qué competencias desearía que tuviese su supervisor

Es de mucha importancia el conocer hasta qué punto hombres y mujeres, en su role de colaborador, esperan (desean) que sus líderes muestren una serie de competencias y actitudes. De no ser así, no haría falta fomentarlos y los recursos podían ser empleados de modo más efectivo en otro ámbito. Es por ello que en el IFREI preguntamos a hombres y mujeres hasta qué punto esperan (desean) que sus líderes muestren cada uno los comportamientos que corresponden a un "líder que sirve".

CUALIDADES DESEADAS EN MI SUPERVISOR MUJER

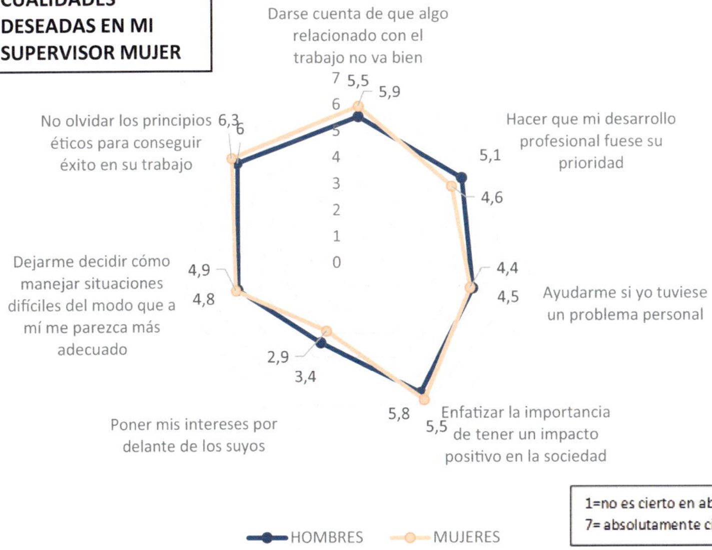

1=no es cierto en absoluto
7= absolutamente cierto

CUALIDADES DESEADAS EN MI SUPERVISOR HOMBRE

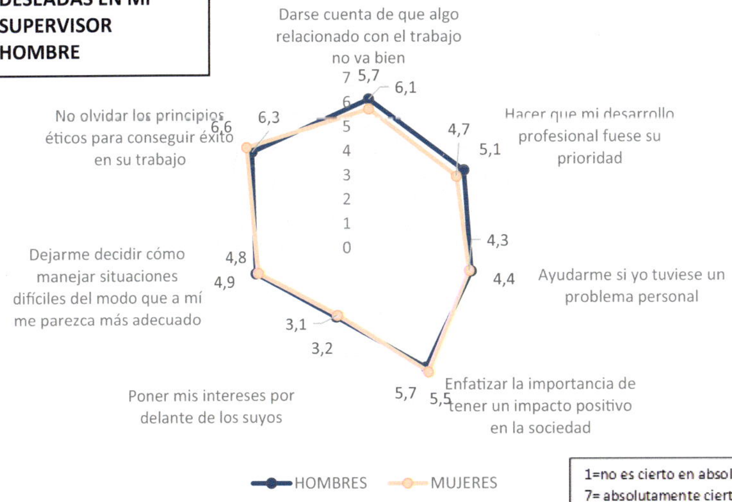

1=no es cierto en absoluto
7= absolutamente cierto

3. Cultura de RFC

Definimos la cultura de RFC, siguiendo a Thompson y otros (1999), como el *conjunto de supuestos, creencias y valores compartidos por los miembros de la organización en relación con el grado en que esta apoya y valora la integración de la vida familiar y laboral de sus empleados.*

Como hemos justificado anteriormente, las políticas son necesarias y convenientes, sin embargo, no son suficientes para constituir entornos de RFC. Para ello son necesarios unos comportamientos del líder adecuados, así como una cultura favorable a la RFC. La cultura de RFC es un constructo con tres dimensiones:

3.1 Respeto de los colegas a licencias o permisos

Hace referencia al nivel de desagrado que muestran los empleados cuando las madres o los padres toman largas licencias o permisos para cuidar de un hijo recién nacido o adoptado.

Evolución en el mundo

	2011	2013	2015	Evolución
Nada molesta	48%	52%	53%	
Un poco molesta	40%	39%	36%	
Muy molesta	12%	9%	11%	

Mujeres Guatemala

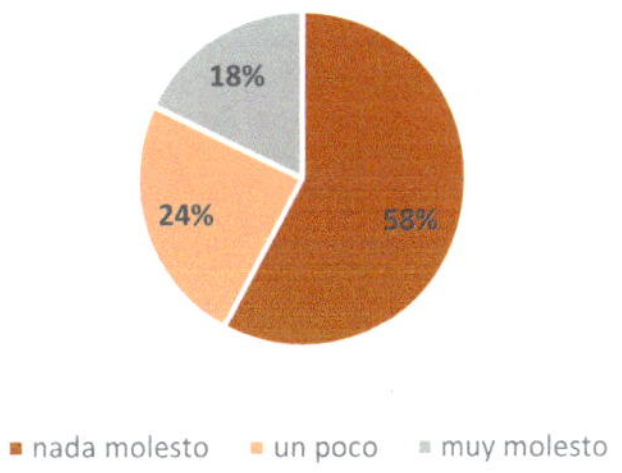

Evolución en el mundo

	2011	2013	2015	Evolución
Nada molesto	51%	48%	50%	
Un poco molesto	38%	40%	41%	
Muy molesto	11%	12%	9%	

3.2 Consecuencias negativas para la carrera

Mide hasta qué punto el empleado percibe que el utilizar las políticas de RFC dañará su desarrollo dentro de la empresa puesto que será visto con recelo y como menos comprometido.

Hombres Guatemala

Evolución en el mundo

	2011	2013	2015	Evolución
Sin consecuencias	48%	49%	54%	
Puede tener consecuencias	41%	39%	34%	
Tiene consecuencias	11%	10%	13%	

Mujeres Guatemala

Evolución en el mundo

	2011	2013	2015	Evolución
Sin consecuencias	44%	43%	41%	
Puede tener consecuencias	38%	37%	35%	
Tiene consecuencias	18%	20%	24%	

3.3 Expectativas respecto a la carga y horas de trabajo

Se refiere al número de horas de trabajo que el empleado percibe que la empresa espera de él (independientemente de que su contrato sea de menor número de horas). También capta la percepción que tiene el empleado de que la empresa espera que el trabajo sea prioritario por encima de la familia

Hombres Guatemala

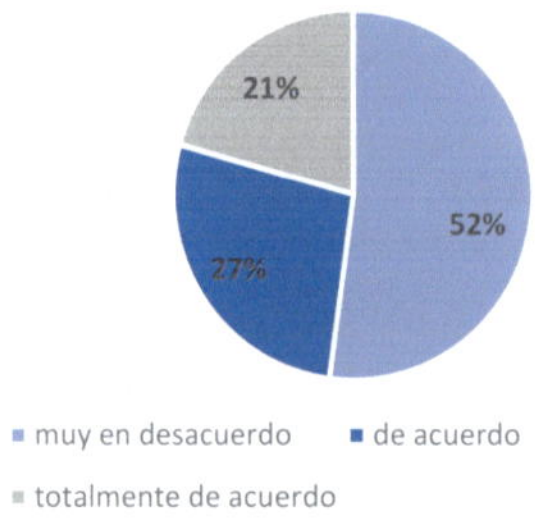

Evolución en el mundo

	2011	2013	2015	Evolución
Muy en desacuerdo	67%	46%	59%	
De acuerdo	25%	38%	36%	
Totalmente de acuerdo	8%	16%	5%	

Mujeres Guatemala

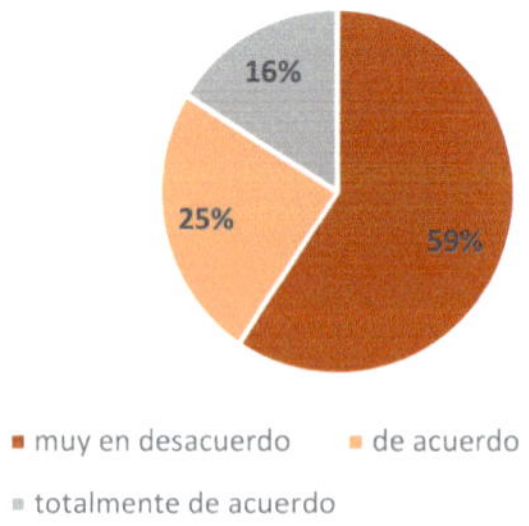

Evolución en el mundo

	2011	2013	2015	Evolución
Muy en desacuerdo	43%	55%	53%	
De acuerdo	24%	26%	27%	
Totalmente de acuerdo	33%	29%	20%	

D. IMPACTO DE LA RFC EN: LA ORGANIZACIÓN, LOS EMPLEADOS Y EL ENTORNO SOCIAL

1. Impacto de la RFC en la organización

Un entorno familiarmente responsable tiene un claro impacto positivo en muchas dimensiones, de las cuales el IFREI mide las siguientes:

- ✓ Intención de dejar la empresa
- ✓ Conflicto trabajo-familia
- ✓ Igualdad de oportunidades hombre-mujer
- ✓ Compromiso

1.1 Intención de dejar la empresa

Esta variable se define como el deseo de abandonar el actual puesto de trabajo en un futuro cercano, siempre y cuando el entorno lo permita.

Es una variable de suma importancia porque la rotación de los empleados es muy costosa para las empresas, tanto en países con altos nivel de desempleo (en los que supuestamente sería fácil encontrar otros trabajadores para un puesto), como en aquellos con niveles de ocupación elevados.

Dejar la empresa genera los siguientes costos:

- **Costo administrativo** de desvinculación del empleado. Habitualmente hay unos requisitos legales que conllevan tiempo por parte de algún miembro de la empresa, o bien requieren subcontratar un servicio de gestoría, legal, etc. En algunos casos extremos puede suponer costos por demandas, si la persona percibe que se le ha hecho un daño por no facilitársele algo que considera su derecho (a ejercer la maternidad, paternidad, etc.)

- **Costo de contratación**: en los casos de rotación voluntaria suele ser necesario hacer una búsqueda para que una persona se incorpore a la vacante generada. Esto conlleva:

- - *Coste de la búsqueda*: ya sea interna o hecha por una agencia externa
- - *Coste de la "productividad" perdida* en el tiempo que esa plaza está vacante
- - *Coste de la productividad perdida en el tiempo* que la nueva persona está aprendiendo
- - *Coste de formación* de la nueva persona

El siguiente gráfico representa la intención consciente de dejar la empresa voluntariamente por parte de personas que están en los distintos entornos.

En el estudio IFREI la intención de dejar la empresa la medimos con una escala a de tres preguntas desarrollada por O'Reilly, Charles, Chatman, and Caldwell (1991). Como vemos, el deseo de dejar la empresa voluntariamente incrementa radicalmente al empeorar el entorno. Mientras que en un entorno A (enriquecedor) las personas no tienen intención de

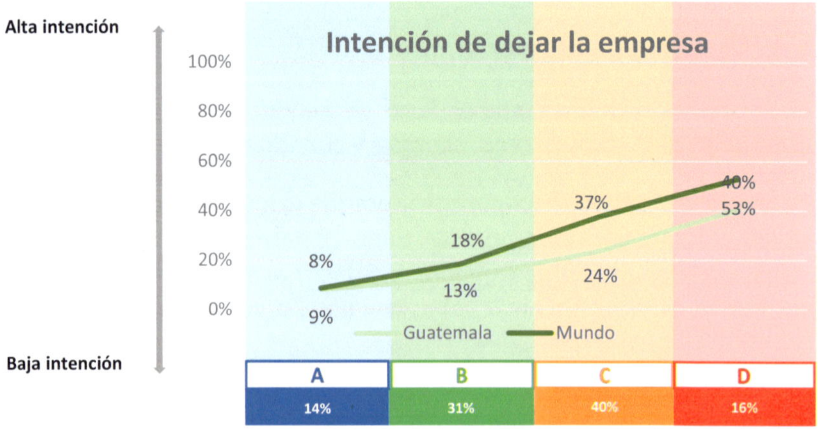

dejar la empresa, en un entorno D (Contaminante) su deseo de cambio es muy elevado.

1.2 Conflicto Trabajo- Familia

El conflicto trabajo-familia es una situación personal en la que las demandas del trabajo o la sobrecarga del mismo dificultan (o incluso hacen imposible) tener una relación satisfactoria con el cónyuge, los hijos u otros familiares dependientes, así como dedicar tiempo a desarrollar otros aspectos relevantes de la vida personal (voluntariado, formación continua, deporte, ocio, etc)[1]. Esto genera una situación de insatisfacción en la persona, que dificulta su desarrollo personal y profesional por stress, malestar y desaliento.

El constructo (desarrollado por Matthews et al, 2010) mide la percepción que tiene el empleado de no poder contribuir a la familia porque el trabajo le absorbe un desproporcionado número de horas, mucha energía y toda su capacidad de concentración.

Como vemos en los gráficos, a medida que el entorno se aleja de A, el conflicto entre trabajo y familia aumenta considerablemente, y por consiguiente también el daño que se causa al empleado y a las personas que con él se relacionan.

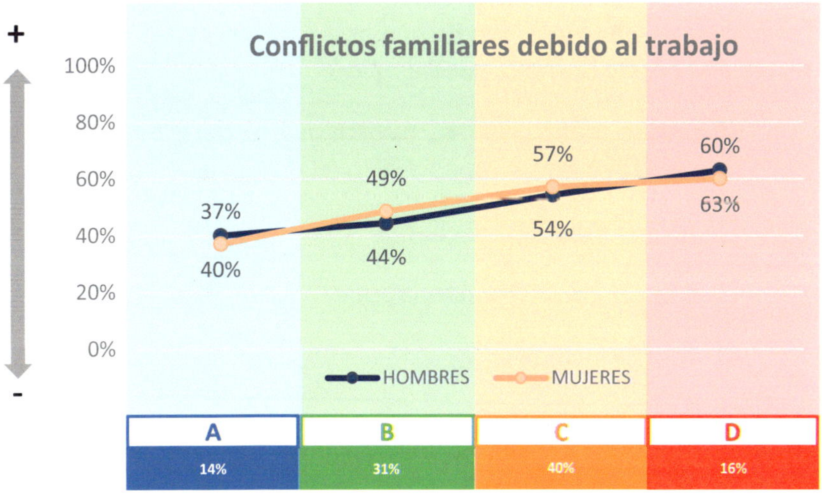

1.3 Igualdad de oportunidades entre hombre y mujer

La igualdad de oportunidades para los hombres y las mujeres, nace de la premisa de su igual dignidad y su diferencia biológica. También de su

1 Chinchilla y Moragas, 2007; Kelly y otros 2008

singularidad y unicidad. Englobar a todas las mujeres o a todos los hombres en el mismo conjunto es un ejercicio que, aunque en algún caso pueda ser útil, también lleva irremisiblemente a simplificaciones.

Descartar a hombres o a mujeres para alguna posición dentro de la empresa, por el mero hecho de ser hombre o mujer, es una injusticia y un desacierto. Sin embargo (por cuestiones que se escapan al alcance de este informe), la realidad es que muchas empresas no son capaces de atraer, formar, y promocionar a mujeres para puestos de dirección. Por lo tanto, aunque en algún caso puede darse de un modo inadvertido e inconsciente, los entornos de las empresas a veces descartan la posibilidad de que haya mujeres en puestos de dirección. Y en muchos casos, cuando las hay, en el proceso de llegar a esas posiciones han renunciado a la maternidad, a la formación de una familia o han sufrido roturas matrimoniales, en cierta medida atribuibles a las responsabilidades de su trabajo.

Es malo, tanto para el resultado de las empresas como para las personas que en ellas trabajan, que la empresa favorezca, inadvertidamente o de modo consciente, la promoción de hombres por delante de la de mujeres (o viceversa).

La igualdad de oportunidades de hombres y mujeres tiene muchas consecuencias positivas, como, por ejemplo:

- **Empresas más humanas**, puesto que se tiene en cuenta las necesidades de las personas, lo cual lleva a:
    - **Mejor atención al cliente**
    - **Menor conflictividad laboral**
    - **Menor rotación**
    - **Menor ausentismo**
- **Atracción y fidelización de talento,** puesto que los potenciales candidatos ven la empresa como un lugar en el que se valora y fomenta la contribución por encima de otras características.
- **Innovación adecuada a las necesidades del cliente**, puesto que hay personas en la empresa que son capaces de entender sus necesidades y de buscar el modo de solventarlas.

- **Mayor productividad**[2]

En el IFREI medimos hasta qué punto hombres o mujeres tienen mayor facilidad de promocionar dentro de su empresa. Lo ideal sería que ni hombres ni mujeres tuviesen mayor facilidad por el hecho de serlo. Las promociones deberían concederse exclusivamente en base a los méritos (que no solo resultados) demostrados en el cumplimiento de sus responsabilidades, y estos no tienen sexo de hombre ni de mujer.

Lo ideal sería que, en una empresa, cuando le preguntamos a las personas "¿Es más fácil promocionar a la mujer que al hombre?" la respuesta fuese tajante: NO. Y cuando le preguntásemos "¿Es más fácil promocionar al hombre que a la mujer?" La respuesta fuese NO.

Sin embargo, nos encontramos lejos de esta situación. Los datos nos muestran que un alto porcentaje de hombres, y aún mayor de mujeres, piensan que los hombres tienen mayor facilidad que las mujeres de promocionar.

También nos encontramos que un porcentaje de hombres y mujeres (más hombres que mujeres) piensan que las mujeres tienen más posibilidades de promocionar por el hecho de ser mujeres.

Por lo tanto, parece que los datos muestran que las personas no perciben igualdad de oportunidades en las organizaciones. Y esto es negativo tanto para la empresa como para sus resultados y, para las personas que en ella trabajan.

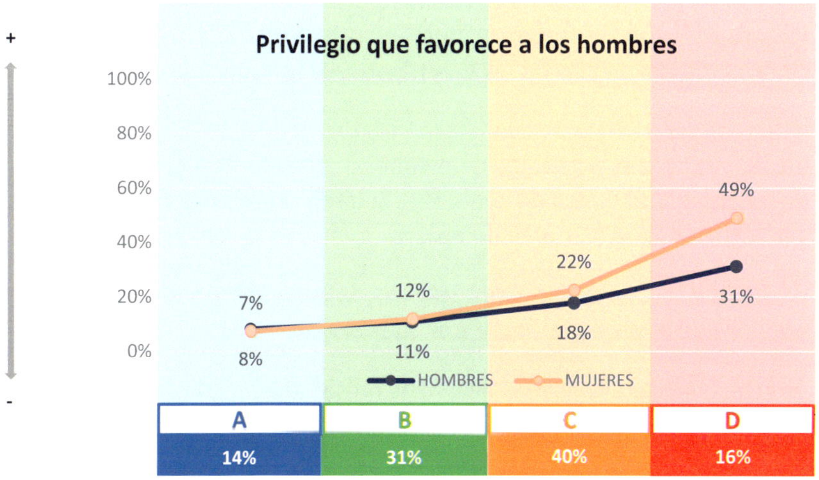

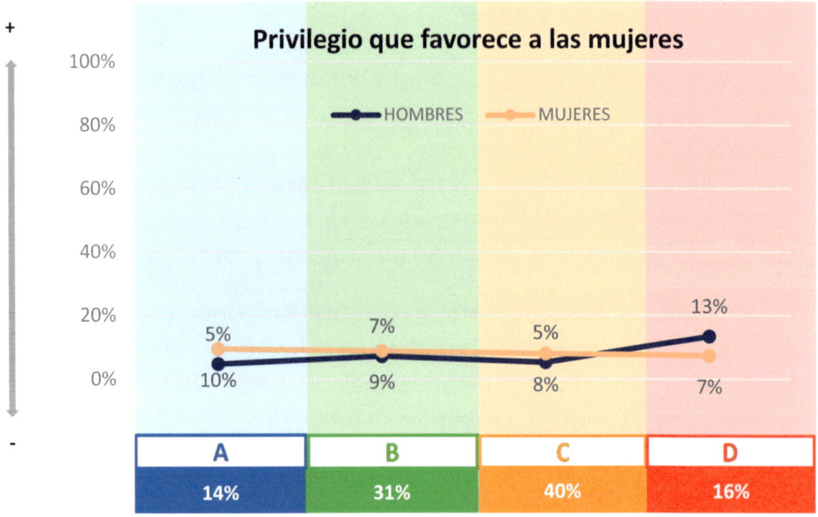

1.4 Calidad de la experiencia en el trabajo

Todas las personas pasamos muchas horas de nuestro día en el trabajo. Y es de suma importancia que a él podamos dedicar nuestra atención indivisa mientras lo realizamos, de modo que aportemos el mayor valor posible. Cuando en el trabajo las personas están exhaustas, preocupadas por otras actividades, o desmotivadas por la tarea que han de realizar, la experiencia es negativa para ellas y el resultado es posiblemente sub-óptimo para la empresa.

Por eso en el IFREI medimos la calidad de la experiencia de la persona en su trabajo. Lo que llamamos "fluir" se caracteriza por tres dimensiones, cuya escala desarrollaron los investigadores Schaufeli and Bakker (2003).

VIGOR: mide la energía que la persona es capaz de aportar a la realización de su trabajo, el deseo de comenzar la tarea que siente al empezar el día y la fortaleza que es capaz de aportar mientras lo realiza.

DEDICACIÓN: se refiere al entusiasmo, la inspiración y el sentimiento de orgullo que la persona siente por su trabajo.

ABSORCIÓN: alude al sentimiento de felicidad mientras la persona trabaja, la capacidad de realizarlo con intensidad y la sensación de que puede centrarse en mientras lo desarrolla.

El que las personas tengan una experiencia optima en su trabajo (fluyan) es importante, puesto que está relacionado con:

- Mejor experiencia del cliente
- Mayor deseo de ayudar a los compañeros
- Mayor apertura a los cambios

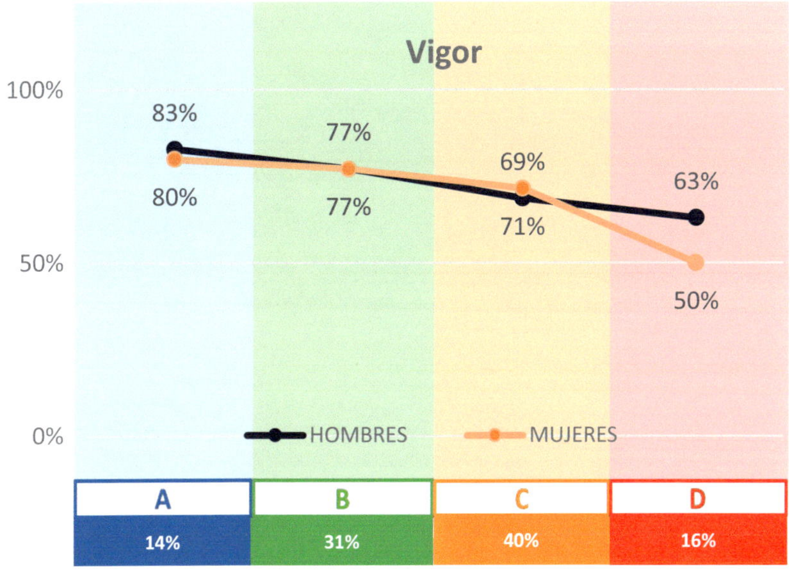

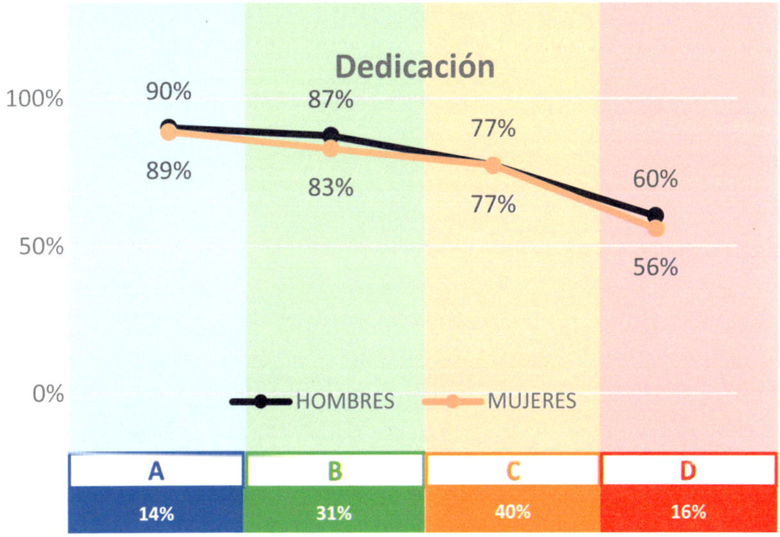

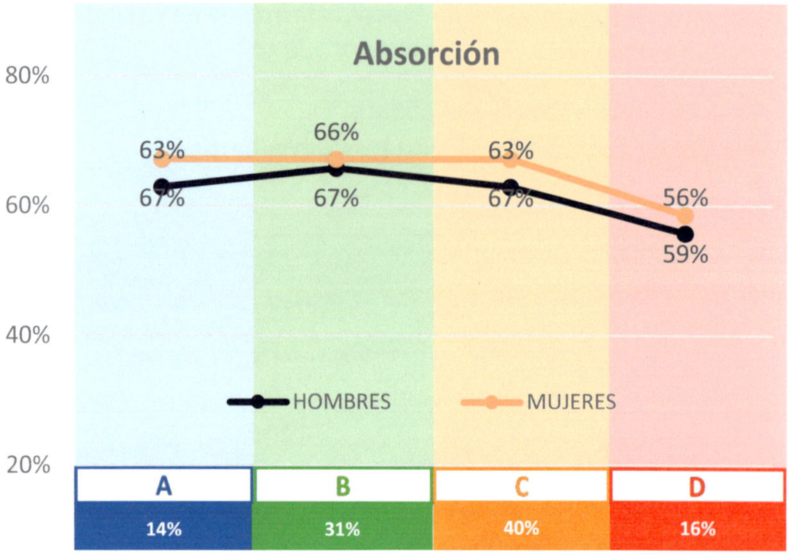
Absorción
80%
60%
40%
20%
63%
66%
63%
56%
67%
67%
67%
59%
HOMBRES
MUJERES
A
B
C
D
14%
31%
40%
16%

2. Impacto de la RFC en los empleados

El entorno en el que trabaja la persona afecta de modo directo al empleado, y a su modo de vida. Por lo tanto, es muy relevante conocer cómo el entorno en el que trabaja el empleado le afecta, a él (ella) directamente, y de modo indirecto a sus familiares y su entorno social.

2.1 Horas de dedicación al trabajo

"El tiempo es oro" reza el adagio popular. Y es una realidad certera que es un recurso de características muy singulares, que lo hacen especialmente valioso. Por una parte, y a diferencia de otros recursos, cada día todos nosotros lo poseemos en la misma medida (24 horas/día). Por otra parte, es inflexible (nadie puede generarlo); es intransferible (no podemos venderlo, regalarlo ni cómpralo); es incierto (no es posible saber cuánto tiene cada uno, sino sólo cuánto hemos consumido); y no es acumulable.

Por todo ello, es de suma importancia el invertirlo prudentemente, con moderación, en los distintos roles y de acuerdo a las distintas fases de la vida. En este recurso, "tiempo", dedicar mayor cantidad a una faceta quiere decir, ineludiblemente dedicarles menos a otras. Esto no sucede así con otros recursos, como por ejemplo con la energía: al dedicarle más energía a una actividad, por ejemplo, el deporte o incluso el trabajo, uno puede por ello tener más energía para otras facetas, como por ejemplo el hogar, ya que la energía es un recurso flexible, que es factible generar y en cierta medida, acumular.

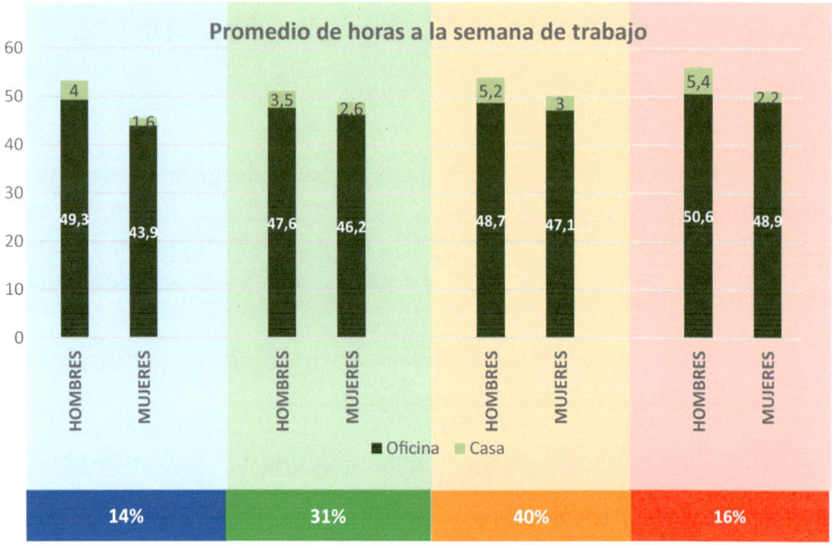

2.2 Satisfacción con la integración trabajo – familia

Las circunstancias familiares de los trabajadores pueden ser muy diversas. Por ello, además de medir el número de horas que la persona dedica a su tarea profesional, es importante medir su experiencia subjetiva de cómo integra su vida laboral y familiar.

En el IFREI medimos el nivel de satisfacción de la persona con la gestión del tiempo y la atención prestada a la familia y el trabajo, de modo que los dos ámbitos encajen armónicamente con el objetivo que se ha propuesto. Lo hacemos con una escala reducida que hemos extraído de la que originalmente produjo Valcour, M. (2007).

Esta variable es relevante para el estudio de la RFC porque la satisfacción viene en gran medida facilitada por los recursos que la empresa proporciona a la persona para realizar el trabajo de modo autónomo y flexible, de forma que pueda contribuir en el trabajo sin que se vea afectada negativamente en su vida familiar. Como no podía ser de otra manera, la satisfacción con la integración trabajo-familia es mucho mayor para las personas que trabajan en entornos A (Enriquecedores) o B (Favorables) que para las personas que están en entornos C (Desfavorables) o D (Contaminantes).

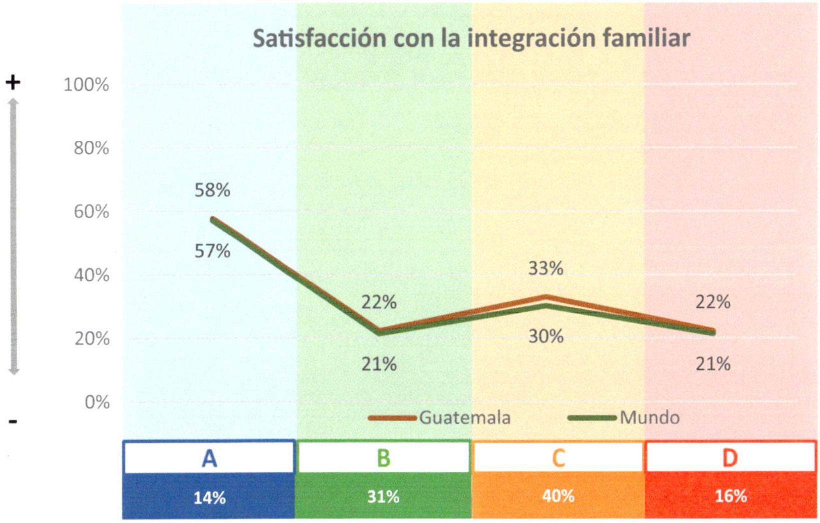

2.3 Autonomía en el trabajo

La persona humana posee una identidad propia que debe continuamente perfeccionarse. Podemos decir que es un ser inacabado que tiene la necesidad de auto-desarrollarse para alcanzar su plenitud. Las necesidades básicas, inherentes a la naturaleza humana, son de tres tipo (Ferreiro & Alcázar, 2002): *materiales*, es decir, las que se relacionan con el mundo material sensible; *intelectuales*, que se relacionan con el aumento del conocimiento operativo, la capacidad de controlar el mundo externo; y *afectivas*: aquellas ligadas al logro de relaciones enriquecedoras con otras personas, en las que la persona se siente acogida en cuanto que ser único.

Como la persona es además un ser libre, su satisfacción al cubrir esas necesidades es mucho mayor si consigue satisfacer esas necesidades de modo autónomo frente a si lo consigue coaccionado por su entorno.

Así pues, la autonomía de que una persona disfruta en el cumplimiento de sus deberes laborales, es de suma importancia para generar satisfacción. Es por ello que en el IFREI medimos el grado de autonomía de que gozan las personas, y hasta qué punto el entorno en el que desarrolla su trabajo (A-B-C-D) está relacionado con la percepción de autonomía.

La variable **Autonomía** se refiere a la percepción que tiene el empleado de que es básicamente su responsabilidad decidir cómo realizar su trabajo. Para medirla utilizamos una escala desarrollada por (Behson, 2005), que incluye tres preguntas.

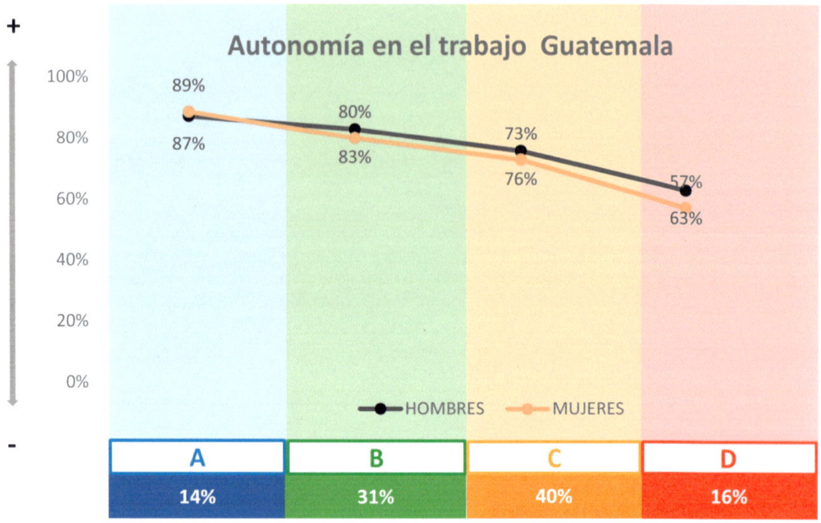

2.4 Motivaciones

Como acabamos de resaltar en el epígrafe anterior, las personas tienen tres tipos de necesidades – materiales, intelectuales y afectivas -. Las personas buscan satisfacer dichas necesidades, y eso es lo que supone un impulso para actuar, es decir, eso constituye sus motivos. Lo que puede motivar a uno, puede no hacerlo a otro. Por ejemplo, una persona que tiene suficiente dinero, puede no sentirse movido a conseguir más. Mientras que otra con la misma capacidad económica, puede sentirse movido a seguir acumulando. Lo que impulsa a unas personas y a otras es distinto (Ferreiro & Alcázar, 2002).

La calidad global del trabajo depende, en gran medida, de la calidad de participación de los miembros del equipo; ésta, a su vez, depende de cierta disposición interior de los miembros para involucrarse en la organización. Por eso, al referirse a la motivación se habla de una “favorable disposición” de las personas o, por el contrario, de “resistencia” de los colaboradores para cumplir con sus responsabilidades (Chinchilla, 2002).

En el IFREI pensamos que es de máxima importancia el saber qué mueve a la acción a las personas, es decir: qué les es motiva a actuar, qué resultados buscan en sus acciones habituales. Por ello distinguimos entre tres tipos de resultados:

Motivo, o resultado **trascendente** es el que le sucede a la persona con la que se interactúa. Es decir, cómo cambia la realidad del que recibe la interacción (el servicio) por el hecho de haber interactuado. Por lo tanto, lo que habitualmente llamamos "**motivación transcendente,**" es la que lleva al empleado a buscar que sus acciones generen un bien a otras personas. Tiende a ayudar colegas de trabajo, consumidores, proveedores o familiares a resolver sus problemas o atender sus necesidades.

El motivo o resultado **intrínseco**, es el que le ocurre a la persona que realiza la acción como consecuencia de haber actuado independientemente de la respuesta de los demás. Es un resultado interno a la persona. Por lo tanto, lo que habitualmente llamamos "**motivación intrínseca**", es la que lleva a realizar el trabajo por el bien que se recibe del hecho de realizarlo: el aprendizaje y la experiencia que el trabajo proporciona.

El motivo o resultado **extrínseco**, es el cómo reacciona un tercero externo a la persona que actúa. Por lo tanto, este resultado depende de la voluntad y de la capacidad de otro. Lo que habitualmente entendemos como **"motivación extrínseca"**, es la que lleva a realizar el trabajo por la reacción que esto generará en otros: por ejemplo, la remuneración que pagarán, el respeto y admiración que mostrarán, el reconocimiento que ofrecerán, etc.

Motivación Trascendente: La motivación trascendente es aquella que busca el beneficio de los otros a través del propio trabajo. Los intereses individuales pasan a un segundo plano y lo que se prioriza es el interés del equipo en su conjunto y tener un impacto positivo en **é**ste.

La calidad motivacional es resultado de la búsqueda consciente y voluntaria de impactos trascendentes de las decisiones, sin menoscabo y con igual o mayor peso que el que tiene la búsqueda de los resultados extrínsecos e intrínsecos que simultáneamente pretenda alcanzar el decisor (Pérez López, 1993).

Así pues, en el IFREI estudiamos la relación entre la calidad motivacional y el entorno de RFC. Para ello preguntamos a los participantes "¿Por qué está motivado para hacer su trabajo?" y le damos la opción de decir hasta qué punto esa motivación es por motivo trascendente, por motivo intrínseco o por motivo extrínseco.

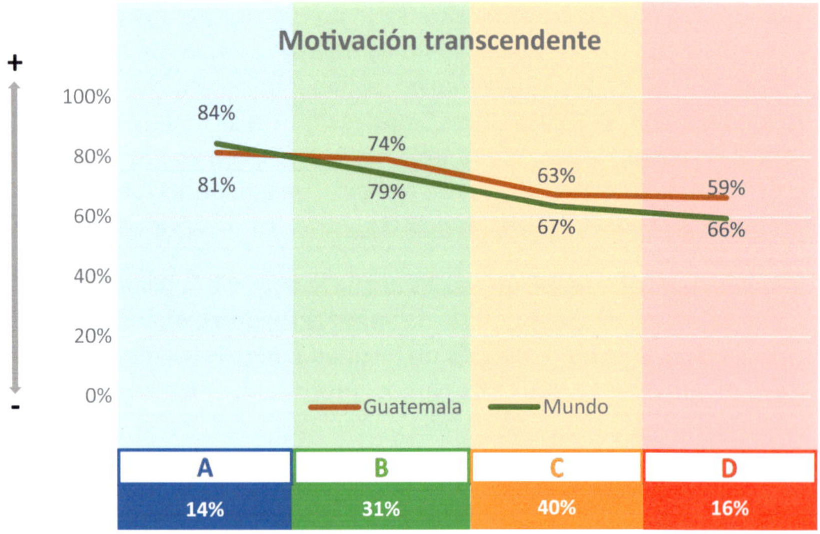

En el estudio IFREI, a lo largo de los años y en los distintos países, nos encontramos que el entorno en el que la persona realiza su trabajo está altamente relacionado con la calidad motivacional de la persona.

Motivación Intrínseca: Actualmente los bienes, los servicios e incluso las industrias evolucionan rápidamente. Es, por tanto, crucial que las personas aprendan constantemente para poder adaptarse a dichos cambios. Por ello, que tengan una motivación intrínseca, es decir que deseen que sus acciones produzcan un aprendizaje operativo, es de máxima importancia.

En el IFREI también estudiamos la relación entre el entorno en el que la persona realiza su trabajo y la motivación intrínseca.

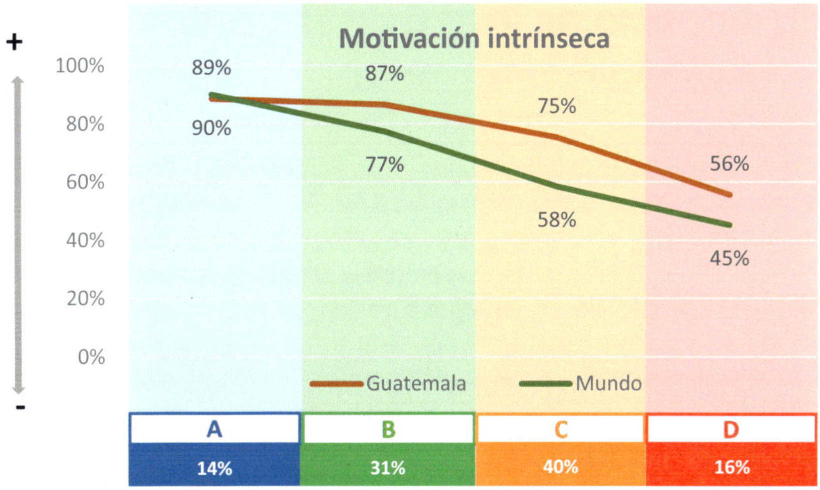

El estudio IFREI, a lo largo de los años y en los distintos países, muestra que el entorno en el que la persona realiza su trabajo está altamente relacionado con la motivación intrínseca de la persona.

Motivación extrínseca: La motivación extrínseca está directamente relacionada con aquello que el empleado puede obtener de las demás personas por su trabajo. Está compuesta por todos los estímulos o recompensas externas que espera el individuo para realizar una determinada acción o actividad, tales como incentivos económicos, la promoción, el reconocimiento de mi trabajo, alcanzar un cierto estatus.

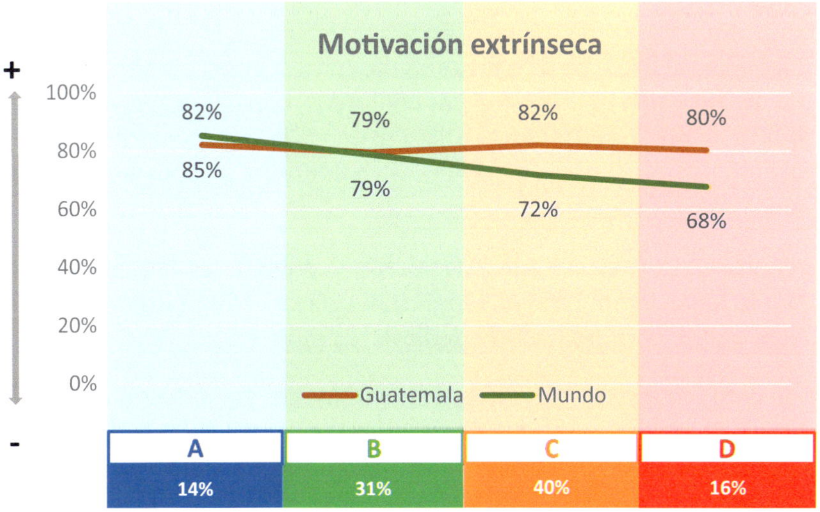

3. Impacto de la RFC en el entorno social

Las personas que trabajan en una organización, forman parte del entorno social en el que desarrollan su actividad laboral. Por ejemplo, a través de su rol como padres, esposos, hijos y miembros de comunidades y asociaciones. Por lo tanto, si la empresa provee a las personas de recursos (por ejemplo: éticos, de salud o de conocimiento), adecuados, estos empleados podrán aportar más en su entorno social. Si, por lo contrario, la empresa agota los recursos (de energía emocional, salud física, tiempo) de las personas, estas serán menos capaces de aportar a su entorno.

La empresa puede, por tanto, aportar a su entorno a través de cómo trata a sus empleados y los recursos que genera en éstos. La empresa puede, sin embargo, mermar los recursos del entorno si agota los recursos de sus empleados y éstos no son, por tanto, capaces de ser responsables en los roles en los que están comprometidos.

3.1 Tiempo de dedicación a los hijos (cuando estos son menores 14 años)

Como hemos considerado anteriormente, el tiempo es un recurso escaso de características muy peculiares (no transferible, in-elástico, e incierto entre otras).

Por ello en el IFREI, no solo preguntamos cuántas horas la persona dedica a su trabajo, sino también cuántas dedica a su familia. Ya que podría darse el caso de que las horas que se liberan en los entornos enriquecedores y favorables, las personas las dedicasen a intereses personales no relacionados con sus familias.

Por otra parte, preguntamos al empleado, cuántas horas dedica su cónyuge (por lo tanto, las mujeres nos contestan cuánto dedican sus maridos a los hijos; y a los hombres cuánto dedican sus mujeres).

Los datos muestran que, independientemente del entorno de trabajo, hombres y mujeres nos dicen que las mujeres dedican más tiempo a los hijos que los maridos.

	NUMERO DE HORAS A LA SEMANA QUE USTED PASA EXCLUSIVAMENTE CON SU HIJO	NUMERO DE HORAS A LA SEMANA QUE SU PAREJA PASA EXCLUISVAMENTE CON SU HIJO
Mujeres	10,40	12,60
Hombres	9	17,90

Como vemos en el siguiente gráfico, el entorno (A-B-C-D) en el que la persona desarrolla su trabajo está altamente relacionado con el número de horas que el empleado dedica a sus hijos.

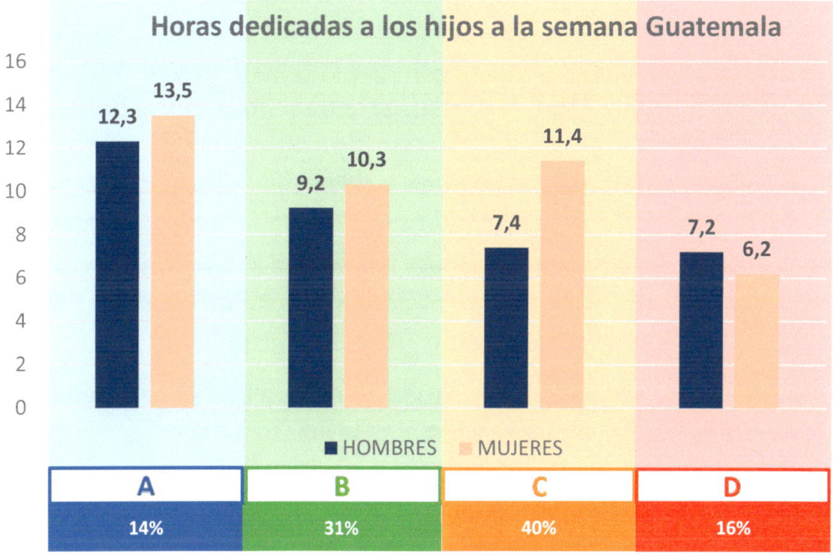

3.2 Aporte a la educación y bienestar de los hijos

Los padres tienen un rol ineludible en la formación de sus hijos. Tanto en la aportación a su equilibrio socio-emocional, como a sus habilidades sociales, como a las destrezas básicas de higiene, cuidado personal y rendimiento académico.

Cenar

Comer por lo menos tres comidas en familia todas las semanas permite criar niños más sanos. (Neumark-Sztainer, Larson, Fulkerson, Eisenberg,

& Story, 2010). Entre otros beneficios, el compartir las comidas con los hijos fomenta:

- **Buena salud socio-emocional**. Cuando se cena en familia los niños desarrollan habilidades sociales. Es decir que desarrollan la comunicación; las buenas maneras de sentarse a la mesa, tomar los cubiertos, masticar e ingerir los alimentos; interrelacionarse; expresarse bien para exponer sus ideas y los entiendan; saber escuchar y respetar las opiniones de los otros, etcétera.
- **Buena nutrición**. Se sabe que los niños que comen en familia tienden a tener una nutrición más equilibrada puesto que los padres son lo que deciden los menús en lugar de ser ellos mismos quienes eligen qué comen y en qué cantidad (Eisenberg, Olson, Neumark-Sztainer, Story, & Bearinger, 2004).
- **Menor índice de trastornos o desorden alimenticio** (como la anorexia o la bulimia). Los padres en las comidas pueden captar comentarios, comportamientos y modos de hacer propios de las primeras fases de estas enfermedades y por lo tanto pueden intervenir con mayor rapidez.

Por otra parte, el comer juntos facilita el diálogo que es necesario para conserva las raíces culturales y fomenta la unidad familiar.

Por ello, en el IFREI preguntamos a los padres con hijos menores de 14 años cuantos días a la semana suelen cenar con sus hijos.

E. Conclusión

Como hemos dicho ya, el modelo IFREI habla de entornos, ya que en una empresa existen tantos entornos como personas la integran. Cada una de las personas que desarrollan su actividad en la empresa tendrá acceso a unas políticas específicas, desarrollará su trabajo con un supervisor/líder concreto, y percibirá la cultura de un modo u otro. Que las empresas fomenten la Responsabilidad Familiar Corporativa es tarea de todos los que estamos involucrados en el ejercicio de la dirección de personas en las organizaciones. De modo aún más crítico de los que ejercen responsabilidades ejecutivas, responsabilidades de gobierno corporativo, y responsabilidades políticas.

Es la toma de decisiones de los directivos la que debe fomentar que cada vez haya más entornos enriquecedores en la empresa. Es responsabilidad del directivo el favorecer que las personas puedan ser mejores miembros de una familia y de la sociedad, como resultado de estar involucrados en la empresa. Y que sean mejores empleados, porque transfieren actitudes, conocimientos y habilidades desde las distintas esferas de su vida a su entorno profesional.

Que las empresas desarrollen la Responsabilidad Familiar Corporativa redunda en beneficio de todos. Como hemos visto, la RFC facilita unos mejores resultados empresariales, dado que las personas están más comprometidas, tienen una menor intención de dejar la empresa, y perciben una mayor igualdad de oportunidades para hombres y mujeres.

La RFC redunda en el bien de los empleados, que tienen una mayor calidad de vida y una mayor satisfacción con su conciliación trabajo-familia, y un menor conflicto entre trabajo y familia.

La RFC repercute también en la sociedad en su conjunto, ya que los empleados pueden ofrecer una mejor educación a los hijos, a través de su involucración en las tareas escolares, y lúdicas, lo cual facilita la prevención de daños y coste sociales posteriores.

La tarea de fomentar la RFC no es sencilla, pero vale la pena, porque es para el bien de muchos. Concluimos este informe con la esperanza de que su contenido aporte luces e incentivos para recorrer el camino de mejora continua.

F. ANEXOS

1. Experiencia IFREI-RFC en Guatemala: el Caso Agrocentro

La Responsabilidad Familiar Corporativa en Agrocentro (Parte A)[1]

HUGO CRUZ[2]
ALEJANDRO SCHWANK[3]

En diciembre de 2014, algunos gerentes de Agrocentro conversaban en un jardín de la nueva planta de producción de la empresa, ubicada a 70 Kms. al sur de la ciudad de Guatemala. Hablaban, con cierta inquietud, de los grandes retos que tenían en sus manos.

Desde 2010, la empresa venía atravesando un período de intenso crecimiento y expansión. La construcción de la nueva planta comenzó en

---

1 Caso elaborado gracias al apoyo de Nuria Chinchilla y Mireia Las Heras, del *International Center for Work and Family* de *IESE Business School* (Universidad de Navarra), quienes han impulsado la ejecución del IFREI en Guatemala y facilitaron los datos necesarios para elaborar este caso.

2 Hugo Cruz, *Ph.D.,* Profesor de Ética Empresarial y de Factor Humano en la Maestría Ejecutiva en Dirección de Empresas (EMBA) de UNIS Business School (Universidad del Istmo, Guatemala); Director Ejecutivo del Centro de Investigaciones Humanismo y Empresa (CIHE) de la Universidad del Istmo.

3 Alejandro Schwank, *M.A.*, Gerente Corporativo de Desarrollo Humano y RSE de Agrocentro, S.A.

Caso creado para servir como base de discusión durante las sesiones académicas, pero no como ilustración de una adecuada o inadecuada gestión de las organizaciones.

2012, había tomado cerca de 24 meses de trabajo y, por supuesto, había absorbido una elevada inversión. La capacidad instalada era ahora seis veces mayor (45 mil m2) en comparación con la antigua planta (7,500 m2), que estaba ubicada a tan sólo 28 Kms. al occidente de la ciudad.

En 2011, Agrocentro había decidido autoevaluarse con el modelo *IESE Family Responsible Employer Index* (IFREI), creado por el *International Center for Work and Family* (ICWF) del IESE Business School (Universidad de Navarra). Los resultados fueron excepcionales y se hicieron acreedores de la distinción "**IFREI Acredited Member"** que en ese tiempo otorgaba el mismo IESE.

Sin embargo, ahora, tres años después, muchas cosas habían cambiado para la empresa. El traslado de la planta a una nueva ubicación implicaba un cambio de vida para todos los colaboradores, entre otras cosas por el tiempo que ahora tomaba el desplazamiento hacia el nuevo lugar de trabajo y por la elevada temperatura ambiente en el nuevo sitio.

La antigua planta se ubicaba en el municipio de San Lucas, en el Departamento de Sacatepéquez, a una altitud de 2,025 metros sobre el nivel del mar y con una temperatura media de 17° centígrados a lo largo del año. La nueva planta está ubicada en el municipio de Escuintla, en el Departamento del mismo nombre, a una altitud de tan sólo 343 metros sobre el nivel del mar y con una temperatura media de 27° centígrados. La antigua planta se ubicaba dentro del perímetro urbano del municipio, a pocos minutos caminando desde el domicilio de la mayoría de los colaboradores. Ahora, para llegar a la nueva planta, dada la combinación de elevado tránsito vehicular y distancia, los colaboradores oriundos de San Lucas, que son la mayoría, deben disponer como mínimo de tres horas diarias de desplazamiento en autobús: hora y media por la mañana y hora y media por la tarde.

Para Agrocentro, no obstante, el traslado a las nuevas instalaciones era una decisión estratégica cada vez más urgente.

Agrocentro, sus productos y su mercado

Agrocentro S.A. fue fundada en Guatemala en 1981 con miras a atender el mercado local. Sin embargo, gracias a una dirección que obró a la vez de manera prudente y visionaria, en 2009 ya operaba en 5 países de la región. Se trata de una empresa familiar cuya actividad principal es la importación, exportación, formulación y distribución de productos para la protección de cultivos y es líder en herbicidas.

En 2011 Agrocentro ya contaba con una cultura de Responsabilidad Social Empresarial (RSE) muy sólida, la cual definían desde entonces como un compromiso genuino de hacer negocios apegados a la ley y de forma ética. Consideraban que de esta manera incentivarían una agricultura próspera y sostenible para todos, idea que han plasmado en uno de sus lemas. Pensaban que esta forma de hacer negocios promueve el crecimiento económico, reduce el impacto ambiental y optimiza el desarrollo profesional y familiar de sus colaboradores. Crearon un código de ética que nivela las expectativas de conducta de la empresa hacia los colaboradores y otros públicos interesados y viceversa. Además, siempre han rechazado el trabajo infantil y han promovido las prácticas ambientalmente responsables. Continuamente revisan con sus proveedores nuevas tecnologías para reducir costos y posibilidades de derrames que generen contaminación ambiental.

Federico Cruz, fundador y presidente de Agrocentro, afirma que la empresa nació por una combinación de ideales comerciales, económicos y humanos. En lo comercial, se buscaba un intercambio interregional simétrico, que redundase en beneficios equitativos para todos los participantes. En lo económico, el ideal era potenciar el uso de agroquímicos como herramienta puntual para aumentar la productividad agrícola, lo cual a su vez se consideraba como medio para combatir la pobreza en la región. Y en lo humano, el objetivo era hacer negocios limpios basados en normas éticas claras y coherentes, lo cual permitiría ofrecer a los colaboradores, a los clientes y a las comunidades una oportunidad de crecer con dignidad.

La expansión de Agrocentro en la región comenzó al abrir operaciones en El Salvador en el año 2002. A partir de entonces, la expansión regional se dio en la secuencia que muestra la Tabla 1:

Tabla 1
Primera fase de la expansión regional de Agrocentro

País	Año de inicio de operaciones
Guatemala	1981
El Salvador	2002
Nicaragua	2007
México	2009
Honduras	2009

Los productos

Agrocentro se especializa en productos para la protección de cultivos (PPC). En ese campo, trabaja con:

- **Herbicidas:** que previenen o combaten la hierba indeseada, que interrumpe el crecimiento pleno del cultivo.
- **Fungicidas:** que curan o protegen a los cultivos del ataque de los hongos.
- **Insecticidas:** que curan o protegen a los cultivos del ataque de los insectos.
- **Adherentes y Correctores**: tales como correctores de dureza de agua y reguladores de pH.
- **Fertilizantes Foliares**: que proveen de nutrientes a los cultivos por medio del follaje
- **Otros específicos:** rodenticidas, acaricidas, etc.

El mercado y los competidores

Los clientes de Agrocentro pueden se pueden clasificar en tres tipos:

- **Importadores/Distribuidores:** empresas que, por su gran tamaño, cuentan con la capacidad para importar producto directamente de los fabricantes o intermediarios internacionales.
- **Distribuidores/Agro-servicios:** comercializadores con capacidades de logística para espacios geográficos definidos.

Atienden a agricultores de extensiones pequeñas y medianas.

- **Fincas:** clientes que cuentan con extensiones considerables que buscan una asesoría técnica y acompañamiento en campo.
- **Clientes Agroindustriales:** empresas agrícolas que consumen los PPC para sus cultivos propios, como los ingenios de azúcar y bananeros.

Agrocentro compite a nivel regional con tres tipos de empresas:

- **Multinacionales de primer orden:** cuentan con presencia global y son el resultado de una serie de fusiones y adquisiciones de varias empresas, acontecidas durante la década de 1990 y principios de la década 2000. Por ejemplo: Bayer CropScience, Syngenta, Dow, BASF, Monsanto, DuPont.
- **Multinacionales de segundo orden:** cuentan con presencia internacional generalmente en los principales mercados mundiales, aunque sin alcanzar presencia global, por ejemplo: Cheminova, Arysta, Nufarm, United Phosphorus, Sumitomo, entre otras.
- **Competidores regionales:** empresas formuladoras y comercializadoras ubicadas en Centroamérica, con presencia en los mercados de Centroamérica, el Caribe y, ocasionalmente, en países fuera de la región (México y algunos países de Sudamérica, por ejemplo). Las principales bases de la industria regional son Guatemala y Costa Rica; también hay alguna presencia menor de formuladores en Nicaragua. Por ejemplo, Duwest (por su planta de formulación en Guatemala); Quilubrisa (del Grupo Disagro); y Foragro.

En ese contexto, Agrocentro se posiciona de la siguiente manera:

- **Portafolio de productos:** Portafolio adecuado de productos, partiendo de *commodities* más una creciente incorporación de especialidades post-patente.

- **Presencia geográfica:** Centroamérica y, como se verá, después de 2011 con presencia en el Caribe, Surinam, sur de México, Colombia y Ecuador.
- **Estrategia de posicionamiento:** Logística ágil, precios competitivos (pero no necesariamente los más bajos), construcción de marca y calidad confiable.

La medición de la RFC en Agrocentro

En 2010, gracias al apoyo del Centro de Investigaciones Humanismo y Empresa (CIHE) de la Universidad del Istmo (Guatemala) Agrocentro entró en contacto con el *International Center for Work and Family* (ICWF), de *IESE Business School* (Universidad de Navarra), el cual tenía en marcha un proyecto de recolección de datos a nivel mundial para alimentar el *IESE Family Responsible Employer Index* (IFREI).

El índice IFREI analiza el nivel de implantación de la Responsabilidad Familiar Corporativa (RFC) y su impacto en las personas y la organización[4]. La RFC se define como "el compromiso de las empresas de impulsar el liderazgo, la cultura y las políticas de flexibilidad que faciliten en sus organizaciones la integración de la vida laboral, familiar y personal de sus empleados"[5].

Gracias a un sistema de fórmulas y ponderaciones, el IFREI determina el porcentaje de personas que evalúa a su empresa en alguna de las categorías que se observan en la Ilustración 2.[6]

Agrocentro fue la primera empresa en Guatemala en participar en el estudio IFREI. De hecho, aun cuando en la práctica las políticas

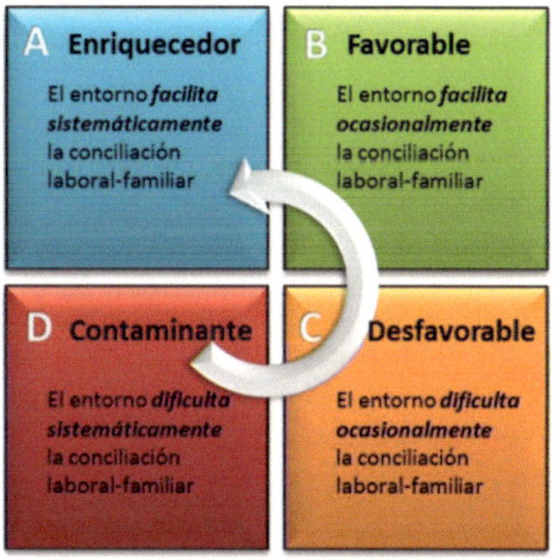

Ilustración 1 Categorías del IFREI

4 Cfr. http://ifrei.iese.edu/ Para una descripción más amplia de qué es el IFREI ver Anexo 1.

5 Chinchilla, N. y Jiménez, E. (2014) "La responsabilidad familiar corporativa: núcleo de la responsabilidad social", nota técnica del IESE Business School (Universidad de Navarra), DPON-119, p. 4.

6 Idem nota 4.

y beneficios laborales de Agrocentro han excedido los mínimos legales establecidos desde que la empresa fue fundada, y aun contando con un sistema de evaluación del clima organizacional, ésta era la primera vez que la empresa medía directamente variables relacionadas con la RFC.

Los resultados del IFREI para Agrocentro en 2010 se muestran en la Tabla 2. Se muestra también la comparación con los resultados que el ICWF tenía acumulados hasta ese momento, provenientes de 5,449 personas que habían contestado en 22 países; entre esos datos están incluidos los de 8 empresas más que habían participado en el estudio en Guatemala hasta ese momento.

Tabla 2
Resultados del IFREI hasta 2010

Categorías IFREI	Mundo (22 países)	Guatemala (8 empresas)	Agrocentro (2010)
A: Sistemáticamente enriquecedora	10%	4%	9%
B: Ocasionalmente enriquecedora	29%	14%	48%
C: Ocasionalmente contaminante	49%	79%	43%
D: Sistemáticamente contaminante	12%	2%	0%

Con estos datos se puede observar que Agrocentro destacaba por un 0% de colaboradores que considerasen que su entorno era D (sistemáticamente contaminante).

Por otra parte, el porcentaje de colaboradores que calificaron a Agrocentro en categoría B (entorno favorable con la RFC) fue significativamente más elevado que el del resto de las muestras comparativas. Por otro lado, en la variable **intención de dejar la empresa**, también medida por el IFREI, Agrocentro obtuvo un resultado significativamente inferior a las muestras comparativas, como se muestra en la Ilustración 3.

Gracias a estos resultados tan destacados, en 2012 Agrocentro recibió la distinción ***IFREI Accredited Member*** que se entregaba a las empresas cuya suma de los porcentajes en A y B fuese superior a 50%.

Ilustración 3

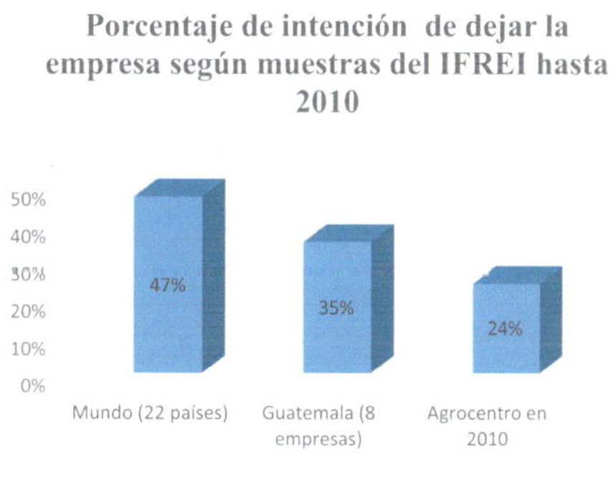

En 2014, con motivo del 20 aniversario del Año Internacional de la Familia, la Organización de Naciones Unidas (ONU) publicó el libro Family Futures, dedicado a destacar esfuerzos ejemplares alrededor del mundo en lo que respecta a avances en la integración intergeneracional, lucha contra la pobreza y aseguramiento del balance trabajo-familia. Agrocentro fue citado en ese libro (pág. 163), como ejemplo de buenas prácticas de RFC[7].

7 Las Heras, M., Chinchilla, M. y Jiménez, E. (2014) "Corporate Family Responsibility", en **Family Futures**: 2014-Twentieth Anniversary of the International Year of the Family, pp. 163-166.

El programa de RFC en Agrocentro

A raíz de los resultados obtenidos en el IFREI en 2010, Agrocentro no quiso acomodarse, sino que se planteó el reto de fortalecer todo aquello que fuera necesario para hacer sostenibles los buenos resultados que mostraba el IFREI en ese momento. De este impulso surgió un agresivo programa de RFC, el cual contempla 28 políticas y beneficios agrupados en cuatro categorías: beneficios familiares, beneficios de desarrollo profesional, beneficios de apoyo financiero y beneficios para la salud. En el **Anexo 2** se describe brevemente cada uno de ellos.

El gran cambio: el traslado a una nueva planta de producción. Razones que motivaron el cambio

En paralelo con el desarrollo del mercado de Agrocentro se produjo el crecimiento del municipio de San Lucas. Esto generó tres problemas para la empresa:

> La planta de producción quedó atrapada en medio de viviendas familiares y comercios, con los riesgos e inconvenientes que ello implica para la operación de una fábrica;
>
> Lo anterior, además, eliminó la posibilidad de ampliar las instalaciones en ese lugar, necesidad que era cada vez más evidente;
>
> Finalmente, el tránsito vehicular por la carretera internacional CA-1 que pasa frente a la antigua planta se hizo cada vez más intenso y de mayor calado, con lo cual se dificultaban la salida y el ingreso de contenedores a la planta, un fenómeno que afectaba no sólo las operaciones sino al mismo tránsito vehicular y a la comunidad.

Ante tal situación, propietarios y ejecutivos se dieron a la tarea de diseñar el nuevo proyecto: una planta de producción más grande, moderna y segura. Pero la expansión de la ciudad capital de Guatemala ha sido de tal magnitud en los últimos 30 años que ha producido una conurbación en la cual es difícil encontrar espacios libres para construir entre los diferentes municipios que conforman el Departamento de Guatemala, al menos en lo que se refiere a espacios apropiados para edificaciones industriales. Fue prácticamente imposible encontrar un sitio idóneo disponible para realizar la gran invresión en un área cercana a San Lucas. Era necesario migrar hacia la costa sur de Guatemala que, por lo demás, es de hecho el gran centro de producción agroindustrial de Centroamérica.

Allí, con una fuerte inversión de esfuerzo humano y dinero, Agrocentro logró echar a andar una planta que le habilita para competir con mayor capacidad en la región.

Comparativa de tamaño y capacidad entre las dos plantas

Indicador	Comparativa
Extensión de las instalaciones	• Antigua planta San Lucas: 7,500 metros cuadrados • Nueva planta San Martín: 45,000 metros cuadrados
Capacidad de producción	• Planta San Lucas llegó a producir hasta 9 millones de kilo/litros • Planta San Martín a la fecha (2018) produce 11 millones kilo/litros operando al 40% de la capacidad instalada, con potencial para 28 millones kilo/litros
Capacidad de almacenaje	• Planta San Lucas tuvo capacidad de almacenaje de 600 posiciones (pallets) • Planta San Martín tiene una capacidad de almacenaje de 1750 posiciones (pallets)

Ventajas técnicas y logísticas de la nueva planta

Además del tamaño y la capacidad, la nueva planta ofrecía las siguientes ventajas técnicas y logísticas a Agrocentro:

- Ubicación a tan sólo 30 kilomentors del Puerto Quetzal, principal puerto multipropósito de transporte marítimo internacional en Guatemala, por donde ingresan muchas de las materias primas la planta. Adicionalmente, se encuentra a pocos kilómetros de la Ruta Interamericana (carretera que conecta a toda Centroamérica), por donde se exporta a las demás sedes de la empresa en la región.
- Mayor cercanía a las principales agroindustrias de la costa sur de Guatemala (ingenios azucareros, bananeras, etc.)
- Diseño de planta de Flujo lineal de materiales (materia prima – proceso de producción- producto terminado)

- Patio de maniobras con espacio para atender 15 contenedores
- Patio de almacenaje con capacidad para almacenar 85 contenedores de materias primas.
- Contar con una línea para formulación de suspensiones concentradas
- Capacidad de elaborar formulaciones a la medida según requerimientos específicos del cliente
- Contar con espacio para recreación de los colaboradores

La inquietud por el futuro cercano

Sin embargo, aun considerando todas esas ventajas de la nueva planta, aquella mañana, cercana a las fiestas de Navidad de 2014, el Director Ejecutivo de Agrocentro tenía que fijar un rumbo con respecto al trato hacia los colaboradores. ¿Qué debía hacer para evitar que las implicaciones del traslado dieran un golpe contra el clima organizacional? ¿Qué hacer para mantener el nivel de RFC que la había caracterizado? ¿Cómo afrontar el impacto del traslado en el rendimiento y en la lealtad de los colaboradores? ¿Se produciría una avalancha de renuncias? □

Descripción breve de las políticas y beneficios del programa de RFC de Agrocentro

Beneficios Familiares

BENEFICIO	OBJETIVO
1. Descanso por cumpleaños	Este beneficio se brinda a los colaboradores con el fin de que pueda convivir con su familia y seres queridos, ese día especial en el que cumple años.
2. Permiso de Paternidad	Brindar al colaborador un espacio y tiempo para convivir con su familia un acontecimiento tan importante como el nacimiento de un hijo.
3. Días Personales	Que el colaborador cuente con un tiempo prudente para realizar todos aquellos trámites o diligencias personales que deba realizar en días hábiles o de labores.
4. Certificado de Regalo de Cumpleaños	Brindar al colaborador un regalo de cumpleaños para compartir con su familia.
5. Mensajero para asuntos personales	Que el colaborador cuente con el apoyo para realizar diligencias personales.
6. Regalo por nacimiento de hijo	Brindar un apoyo a aquellos colaboradores cuyos hijos acaban de nacer, y felicitarles por tan importante acontecimiento.
7. Charlas de Balance Familia-Trabajo	Promover, fortalecer e incentivar los conocimientos de los colaboradores para lograr la conciliación de su vida, personal, familiar y laboral.
8. Premio por buenas calificaciones de tus hijos	Promover la excelencia académica de los hijos de los colaboradores.
9. Servicio de Sala Cuna Retoñitos	Agrocentro muestra un genuino interés fomentando la paternidad; facilitando que puedan laborar y además cumplir su rol de padres.
10. Horario Flexible	Establecer un esquema de horario de ingreso y egreso a las actividades laborales de tal manera que brinde al personal administrativo la posibilidad de gestionar mejor su tiempo.
11. Apoyo por Maternidad	Apoyar a las madres colaboradoras que han suspendido para disfrutar del tiempo de descanso que la ley establece.

Beneficios de Desarrollo Profesional

BENEFICIO	OBJETIVO
12. Incentivos Académicos Bachilleratos por Madurez Carreras Universitarias	Brindarle una ayuda económica a todos aquellos colaboradores que continúan con su educación, y al mismo tiempo un reconocimiento a quienes se esfuerzan por mantener sus estudios y se han destacado en los mismos; para la empresa es muy importante el crecimiento y desarrollo de sus colaboradores de forma profesional y académica
13. Incentivos Académicos Carreras Universitarias Postgrados Maestrías	Brindarles una ayuda económica a todos aquellos colaboradores que continúan con su educación superior, que sea aplicable a la empresa.
14. Programas de Formación	Promover el desarrollo laboral en la que los colaboradores y la empresa se benefician de los conocimientos, capacidades y habilidades adquiridas.

Beneficios de apoyo Financiero

BENEFICIO	OBJETIVO
15. Préstamos Internos y Anticipos	Apoyo económico a los colaboradores en casos de emergencia o cuando el colaborador lo necesite, siempre y cuando presente una causa justificada para el mismo.
16. Préstamos con Banco Industrial	Se busca el beneficio de los colaboradores, mediante una tasa de interés baja con el Banco Industrial.
17. Financiamiento de Bicicletas	Brindar la facilidad económica a los colaboradores en la compra de bicicletas.
18. Incentivo por antigüedad laboral	Reconocer la trayectoria y lealtad de los colaboradores dentro de la empresa.
19. Caja de Ahorro AgroCaja	Incentivar el ahorro en las finanzas personales de los colaboradores
20. Ayuda en fallecimiento de colaboradores	Apoyar de forma retributiva a la familia de los colaboradores en caso de fallecimiento.
21. Apoyo por fallecimiento de parientes	Apoyar de forma retributiva a los colaboradores que hayan sufrido la pérdida de algún familiar de primer grado de consanguinidad y núcleo familiar principal
22. Póliza de Seguro de Vehículo	Apoya a los colaboradores para tener acceso a un seguro de cobertura completa para su vehículo de una forma más económica.
23. Asesoría Legal	Apoyar a los colaboradores en el tema legal, para que consulten sus dudas y se les pueda guiar.

Beneficios para la Salud

BENEFICIO	OBJETIVO
24. Médico Familiar Jornadas Médicas Familiares	Velar por el bienestar y salud de los colaboradores y sus familiares.
25. Seguro de Vida y Gastos Médicos	Que el colaborador cuente con la disponibilidad de ingresar a un seguro de vida y gastos médicos acorde a su situación económica. Velar por el bienestar y salud de los colaboradores y su familia.
26. Agroestar – Programa de Bienestar	Promover el cuidado de la salud y el equilibrio entre la vida personal y laboral
27. Seguro de Accidentes Personales	Apoya a los colaboradores y sus familias al momento de sufrir un accidente en viajes y traslados por cuestiones laborales.
28. Alimentación Interna	Que los colaboradores de la empresa cuenten con almuerzos saludables y seguros que beneficien su economía.

La Responsabilidad Familiar Corporativa en Agrocentro (Parte B)

La pregunta de fondo es si la implementación de un programa de RFC beneficia no sólo a los colaboradores sino también a la empresa. Existe, en algunos ambientes, la sospecha de que este tipo de programas representan un costo oneroso y que, por lo tanto, debe ser reducido o eliminado.

A la luz de los resultados de Agrocentro en el período 2009 – 2017, es posible mostrar un caso de éxito en el cual la inversión de la empresa en este campo ha dado los resultados positivos esperados en términos de desarrollo del talento y, además, no ha provocado pérdidas económicas para la empresa. Los directivos de Agrocentro afirman que, de hecho, esta inversión ha sido un factor positivo para el crecimiento de las operaciones y su constante mejora en rentabilidad.

Indicadores de éxito del programa de RFC

Con el apoyo del Centro de Investigaciones Humanismo y Empresa (CIHE) de la Universidad del Istmo, a partir de 2011 Agrocentro inició un plan de monitoreo de los resultados del programa de RFC que había implantado. A continuación, se muestra el desempeño de algunos de los indicadores observados.

Por una parte, el número de colaboradores de Agrocentro fue en aumento en respuesta a la demanda de producción y a la expansión territorial que ha sido parte de su estrategia. Ver Tabla 1.

Tabla 1
Expansión y número de colaboradores de Agrocentro por país hasta marzo 2018

País	Año de inicio de operaciones	Total colaboradores hasta marzo 2018
Guatemala	1981	366
El Salvador	2002	10
Nicaragua	2007	15
México	2009	16
Honduras	2009	16
Colombia	2011	63
Panamá	2012	12
Ecuador	2015	5
	Total	**503**[8]

En particular, el número de colaboradores de Agrocentro en Guatemala, aumentó en un 60% entre 2010 y 2017, como se muestra en la Ilustración 1.

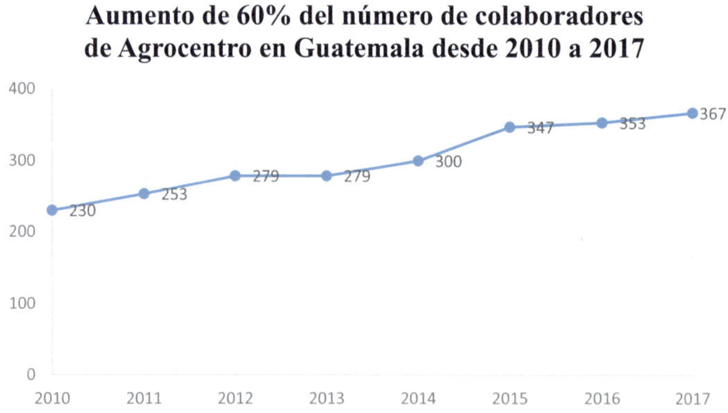

Aumento de 60% del número de colaboradores de Agrocentro en Guatemala desde 2010 22 017

Por otra parte, la estrategia de expansión fue soportada por un aumento del 35% en la producción entre 2010 y 2017, como se puede ver en la Ilustración 2.

Ilustración 2 Aumento de 35% en la producción de agroquímicos en Agrocentro de 2010 a 2017

Y, desde el punto de vista de dirección de personas en las organizaciones, uno de los indicadores más importantes y significativos es cómo la percepción de clima organizacional, evaluado por los colaboradores, reportó una mejoría de 40% desde 2009 hasta 2017, como se muestra en la Ilustración 4.

Ilustración 4 Mejora del 40% del clima organizacional de Agrocentro desde 2009 a 2017

Por otra parte, también es significativo el índice relativamente bajo de rotación general (renuncias y despidos) de Agrocentro desde 2012 a 2017,

el cual ha logrado un promedio de 14.7%, con una tendencia lineal muy estable. Como referencia, cabe mencionar que la rotación general es par-ticularmente alta en América Latina *y el Caribe. "En promedio, el 24,4% de los trabajadores de la región lleva menos de un año en su puesto de trabajo (comparado con el* 15% en los países de la OCDE)".[8]
(Ver Ilustración 5).

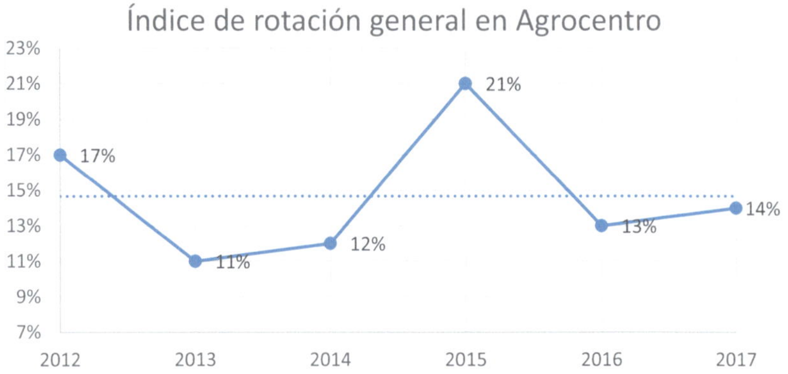

Ilustración 5 Índice de rotación general en Agrocentro

Más interesante aún es el índice relativamente bajo de rotación no forza-da en Agrocentro, un indicador de cuyo cálculo se eliminan los despidos y sólo contempla las renuncias; por lo tanto, es un índice que refleja de manera más directa una "intención" voluntaria de dejar la empresa. En el caso de Agrocentro, este índice alcanzó un promedio de apenas el 11%, con una tendencia lineal claramente decreciente desde 2012 a 2017. (Ver Ilustración 6).

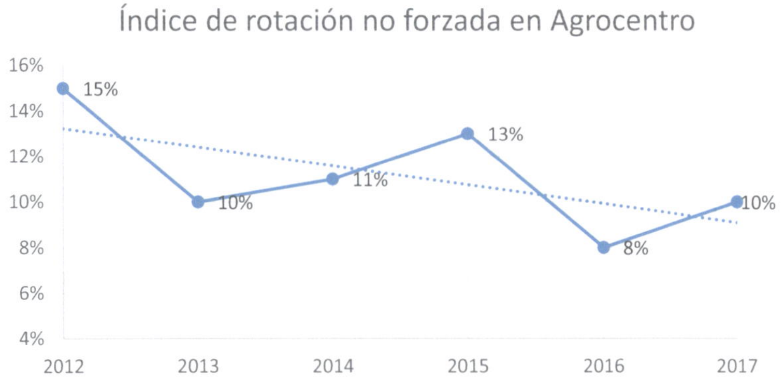

Ilustración 6 Índice de rotación no forzada en Agrocentro

Monitoreo anual de variables tomadas del IFREI

Finalmente, desde 2011, se dio un seguimiento a las tres principales dimensiones de la RFC de acuerdo con el IFREI: políticas, liderazgo de los supervisores y cultura organizacional en relación con la RFC. Estas varia-bles se midieron a partir de entonces como parte de la evaluación anual de clima organizacional, con el objetivo de monitorear su desempeño.

Análisis de resultados en la dimensión gestión de Políticas

La percepción de los colaboradores acerca de las políticas formalizadas ha mejorado progresivamente en relación con los resultados del IFREI 2011. Esto demostró que la implementación de políticas de RFC ha sido bien recibida por los colaboradores. Puntualmente, es posible observar una mejora sustancial en la percepción de los colaboradores respecto a la utilización de los programas de horario flexible.

Análisis del Liderazgo y el apoyo de los Supervisores

La dimensión de Liderazgo o apoyo del Supervisor a los colaboradores mantiene un promedio general similar (aumento de 10 puntos porcen-tuales). Se evidencia un fenómeno particular en el cual los aspectos de comunicación y retroalimentación mejoraron, pero los aspectos que miden si el supervisor o jefe inmediato es un buen modelo a seguir sufrieron una baja. Una explicación de este fenómeno podría ser que ahora los colabo-radores cuentan con mayor conocimiento y sensibilización acerca de la importancia del balance trabajo-familia y, por lo tanto, son más críticos sobre sus superiores. Agrocentro ha desarrollado talleres de sensibiliza-ción y capacitación dirigidos a los mandos medios y alta gerencia, a fin de ayudarles a desarrollar las competencias de liderazgo que se requieren de ellos en un entorno favorable a la RFC.

8 Kaplan, D. (2017), "Renuncias o despidos: ¿por qué nos interesa la rotación laboral?", en Factor Trabajo, Blog de la División de Mercados Laborales y Seguridad Social del Banco Interamericano de Desarrollo (BID), https://blogs.iadb.org/trabajo/2017/03/28/renuncias-o-despidos-por-que-nos-interesa-la-rotacion-laboral/, última consulta en línea: 11 de abril de 2018.

Análisis de la Cultura

Y, por último, el comportamiento de la dimensión Cultura también mostró una tendencia ascendente, con un crecimiento promedio de 5 puntos porcentuales de año en año, con tendencia a estabilizarse en el nivel alto. Esto evidencia que los colaboradores están utilizando las políticas y sus beneficios sin percibir que esto afecte su carrera profesional y, por otra parte, perciben que la empresa no exige en ningún momento anteponer el trabajo a su familia.

Costo de la RFC en Agrocentro

Finalmente, cabe destacar el costo de todos estos beneficios para Agrocentro. Si tomamos como punto de referencia el total de lo que se pagaen sueldos a los colaboradores, el costo de los beneficios de RFC se puede ponderar de la siguiente manera:

Programa de Beneficios de Salud	7% de total la planilla
Programa de Beneficios Económicos	2% de total la planilla
Programa de Beneficios Académicos	1% de total la planilla
Programa de Beneficios Familiares	1% de total la planilla
Total	**10% de total la planilla**

3. Experiencia IFREI-RFC en El Salvador

LA RESPONSABILIDAD FAMILIAR CORPORATIVA Y EL IFREI EN EL SALVADOR: CULTURA FLEXIBLE PARA TRIUNFAR EN LA CUARTA REVOLUCIÓN INDUSTRIAL

EMMA ROSA REYES DE SANTOS
COORDINADORA TÉCNICA DE FUNDACIÓN EMPREPAS (EL SALVADOR)

KALENA DE VELADO
PRESIDENTE DE FUNDACIÓN EMPREPAS (EL SALVADOR)

Introducción

A los problemas de escasez de talento y los índices de desempleo que golpean a las economías mundiales, se suman los retos que representa para la cultura empresarial la entrada masiva de la mujer al mundo laboral y el desafío de ofrecer más y mejores oportunidades de empleo a millones de jóvenes parados (o sin estudiar) con que cuenta la mayoría de los países; realidad de la que no está exento El Salvador.

Desde ya se vislumbra que el futuro requerirá colaboradores y trabajadores con nuevas habilidades y aptitudes, que, si no llegan a las organizaciones, éstas pagarán el alto precio de la falta de competitividad. Efectivamente, se vaticina que con la entrada de la Cuarta Revolución Industrial (Industria 4.0) junto a la transformación digital, se dará mayor importancia a los conocimientos y al trabajo bien hecho. Esto pone al talento en el centro de la ecuación, forzando a que las empresas que aspiren a contar con empleados leales y a que busquen herramientas para fidelizar a sus colaboradores talentosos.

Creemos que, en la facilitación del balance entre vida, trabajo y familia, se encuentra una de las formas más efectivas de lograrlo, ya que las nuevas generaciones de trabajadores de esta era de la Transformación Digital se plantean desarrollar plenamente sus roles familiares y sociales, de amistad y solidaridad, como una parte esencial de su bienestar personal.

Cuando encuentran en una organización un ambiente laboral amigable a la familia que respete el tiempo libre, acompañado de políticas y liderazgo, es muy probable que los accionistas puedan contar con una fuerza laboral comprometida con la visión y misión de la compañía, brindando servicio eficaz y alcanzando una competitividad más sostenible. En este sentido, Mark Kramer, en la conferencia del ENADE del año 2013 afirmó que "la visión de Share Value o creación de valor compartido, busca que las empresas obtengan el éxito tomando en cuenta las diversas condiciones de los negocios y sus diversos contextos donde se desenvuelven."

Esta mirada pretende conseguir o profundizar dentro de las organizaciones una cultura acorde con el nuevo perfil de trabajadores de generaciones millennial y Z, que buscan un entorno flexible y enriquecedor en el que puedan dar lo mejor de sí mismos (compromiso, lealtad, entre otros) porque pueden progresar sin tener que descuidar a sus familias y cultivar otros intereses.

Ciertamente, facilitar el balance de vida mejora la calidad de relación entre empleados y empleadores, y la equidad entre mujeres y hombres, resultando en un mejor gobierno corporativo al cuidar mejor al público interno y aumentando la rentabilidad. El equilibrio de vida ayuda a que sea una realidad la fórmula empleados felices, empresas productivas, reto de las empresas del milenio.

La familia es la base de la sociedad y la clave del desarrollo sostenible, por lo que cualquier acción para fortalecer dicha institución permitirá a las empresas contribuir a la creación de capital humano y social, elementos indispensables para generar desarrollo sostenible. Esto, va en línea con varios ejes de la agenda 2030 que proponen los OBJETIVOS DEL DESARROLLO SOSTENIBLE, promovidos por Naciones Unidas para un trabajo global conjunto en los próximos años, especialmente de los objetivos 3 (Salud y bienestar), 5 (Igualdad de Género), 8 (Trabajo Decente), 12 (Producción y Consumo Responsable) y 17 (Alianzas para lograr los Objetivos).

Incorporando este modelo, las empresas se convierte en organizaciones pioneras de una visión humanista, colocándose a la cabeza de las compañías del país y la región centroamericana más innovadoras, con lo que proyectan, a través de la Responsabilidad Familiar Corporativa, que están preparadas para navegar y lograr una competitividad sostenible y exitosa en la CUARTA REVOLUCIÓN INDUSTRIAL y la TRANSFORMACIÓN DIGITAL.

Antecedentes

Entre los primeros eventos que nos inspiraron a llevar a El Salvador el enfoque estratégico de la facilitación de balance entre la vida laboral y familiar fue la llegada al país en el año 2000 de una nueva tendencia de negocios bajo el modelo de la Responsabilidad Social Empresarial, (RSE), concebida como un imperativo estratégico para lograr buena gobernanza corporativa. Este nuevo concepto lo introdujo la Fundación Empresarial para la Acción Social (FUNDEMAS) con el empuje de su primer presidente, Roberto Murray, quien junto con los demás fundadores constataron la necesidad de promover de forma incluyente valores éticos, políticas y prácticas de respeto al medio ambiente y el entorno, como un imperativo para lograr competitividad y desarrollo sostenible de forma sustentable. Entre los ejes de trabajo que se plantearon están: la gobernanza y la ética, el mercadeo responsable, el cuidado del medio ambiente, la participación y el desarrollo de la comunidad, de la cadena de valor y del público interno. Estos aspectos coinciden con los siete lineamientos que propone la ISO 26000 de responsabilidad social.

Precisamente, fue una de las áreas de la Responsabilidad Social Empresarial, la que se refiere al público interno, el que nos intrigó y llamó la atención por la novedad de colocar a las personas como el centro de la gestión de las organizaciones.

El segundo acontecimiento que dio origen nuestro deseo de llevar a El Salvador el tema del balance familia y trabajo, tuvo lugar en Nueva York en el año 2004. Allí un grupo de 17 matrimonios salvadoreños asistimos a un congreso mundial sobre la familia, en la sede de Naciones Unidas. En esa ocasión tuvimos la dicha de escuchar la ponencia acerca de la necesidad de integrar la vida familiar con el trabajo, impartida por la referente mundial de esta temática, la Dra. Nuria Chinchilla, directora del Centro Internacional Trabajo y Familia del IESE Business School, de la Universidad de Navarra. Con palabras llenas de convicción y pasión, nos transmitió la inquietud de empezar a trabajar para generar un cambio cultural en las empresas de nuestros países, con el fin de facilitar a los colaboradores el balance entre vida familiar, personal y laboral. Años después, la Doctora Chinchilla bautizaría al conjunto de herramientas que facilitan el balance de vida, trabajo y familia bajo el concepto de Responsabilidad Familiar Corporativa.

Es así como se entusiasma un grupo de mujeres y hombres para conformar el 16 de julio de 2005 la Fundación Empresarias por la Responsabilidad Social (EMPREPAS), una organización sin fines de lucro cuya visión es "ser la fundación empresarial que lidere una cultura de alta competitividad por medio del balance trabajo y familia para impulsar el desarrollo integral y sostenible de El Salvador, y la región Centroamericana, a través de buenas prácticas de responsabilidad social corporativa."

Después de varios años instaurando el tema como una visión de nación y sensibilizando a los líderes sociales, políticos y empresariales a través de eventos y conferencias con expositores internacionales provenientes de las escuelas de negocios de prestigio y de tanques de pensamiento serios, finalmente la oportunidad de realizar un proyecto emblemático. Fue gracias a estas generosas personas que se preparó el terreno para generar expectativas positivas.

En el año 2012 llegó finalmente la oportunidad de instaurar en El Salvador una cultura de equilibrio de vida, trabajo y familia, a través de un piloto, tras años de generar confianza en la Fundación EMPREPAS. Aconteció con el específico acercamiento de la Organización Internacional del Trabajo (OIT) al colectivo de mayor respetabilidad que aglutina al sector productivo salvadoreño, la Asociación Nacional de la Empresa Privada (ANEP), solicitándoles sumarse a cumplir con los compromisos de país derivados de la firma del Convenio 156 por parte de El Salvador con la OIT. Como parte de este acuerdo, se exhortaba al Estado salvadoreño, a los sindicatos y a la parte empleadora nacional a promocionar el bienestar de los trabajadores a través de facilitar el balance familia y trabajo de los empleados. Ante este requerimiento, los directivos de ANEP sugirieron que la fundación EMPREPAS fuera parte y ente técnico para plantear y ejecutar un proyecto conjunto entre la ANEP y la OIT.

Para acometer el proyecto, la OIT sugirió dos estrategias fundamentales. En primer lugar, la creación de un comité especializado que apoye la investigación sobre el tema y proponga medidas viables y sostenibles para la construcción de empresas familiarmente responsables. En segundo lugar, fomentar la construcción de alianzas estratégicas entre gremiales y con organizaciones sociales que cuentan con conocimiento amplio y experiencia en el tema. Entre los resultados del proyecto, se contaría con un grupo de empresas que serían las modelos de la Responsabilidad

Familiar Corporativa, es decir, organizaciones que implantaran una cultura, liderazgo y políticas que facilitaran a sus empleados el balance. Al final, lo ideal sería concretar en una guía de buenas prácticas ejemplares, que les permitan asumir voluntariamente el camino hacia la construcción de una sociedad más próspera y equitativa, en la que se sitúa en su centro a la dignidad de las personas, la ética y los derechos humanos.

Para realizar este cometido, EMPREPAS efectúa dos alianzas estratégicas: una con el Centro Internacional Trabajo y Familia del IESE, Business School de la Universidad de Navarra para poder utilizar de forma exclusiva en el país los indicadores internacionales de medición IFREI 2.0. La otra alianza vino de la mano de haber conocido a la Dra. Patricia Debeljuh, directora del Centro Walmart Conciliación Familia y Empresa del IAE Business School de la Universidad Austral de Argentina, a quien se le encarga la asesoría estratégica, la formación de un equipo local y la ejecución del proyecto.

Cabe destacar que sin el entusiasmo y la magnanimidad de la Dra. Chinchilla, (iniciadora y vocera experta global de la visión de integrar vida, trabajo y familia); y de la Dra. Debeljuh, autoridad internacional que apoya el trabajo en El Salvador, jamás se hubiese llevado el tema a El Salvador, hasta lograr un piloto de con 10 empresas en las que se realizó una investigación utilizando la metodología IFREI 2.0, que luego llevo a la edición de un libro que recogiese la experiencia. Gracias a ellas, el sector empresarial salvadoreño es abanderado en una novedosa forma de dirigir las organizaciones a través de la Responsabilidad Familiar Corporativa como eje estratégico de la Alta Dirección de los negocios con una competitividad más humana. Con el apoyo de la OIT, el compromiso de la ANEP y su Comité y la cooperación académica del IESE y del IAE, es que la fundación EMPREPAS se logra posicionar como el ente técnico de referencia en nuestro país. Así mismo, hacemos aquí referencia al apoyo incondicional desde el inicio del piloto a la Doctora e ingeniera Mireia Las Heras, profesora asociada del IESE Business School, adonde funge como directora investigadora del Centro Internacional Trabajo y Familia. Ella es la responsable de las preguntas que se utilizan en la investigación IFRE 2.0.

Etapas del Proceso / Metodología

Una vez planteado los antecedentes del proyecto, compartimos la experiencia de trabajo llevada a cabo con las diez empresas salvadoreñas.

El primer paso fue seleccionar a las empresas que participarían en el plan piloto. Inicialmente, se hizo la presentación del proyecto en una de las sesiones periódicas que realiza la Asociación de Líderes de Talento Humano de El Salvador (ALTHES), donde se encontraban Gerentes de Recursos Humanos de más de cincuenta empresas de mucho prestigio en El Salvador, a quienes se les pidió que se autoevaluaran a través del IFREI 1.0 disponible en formato virtual.

En esta etapa aplicaron quince empresas, las cuales accedieron al link y llenaron el formulario seleccionado para descartar o aceptar postulantes, para luego ser evaluadas por el equipo del Centro Conciliación Familia y Empresa del IAE de Argentina. Esta acción permitió catalogar a las empresas interesadas según el nivel de cultura organizacional y contar con un listado preclasificado para seleccionar a las que formarían parte de la experiencia piloto. Cabe destacar que todas las empresas participantes alcanzaron el nivel B, es decir, que poseen una cultura discrecionalmente enriquecedora con políticas y algunas prácticas formalizadas que apoyan el balance trabajo-familia.

Contando con las quince empresas preevaluadas, la alianza ANEP (a través del Comité de Balance Familia y Trabajo) y la Organización Internacional del Trabajo (OIT), se decidió realizar el proyecto piloto en cuatro etapas hasta alcanzar un total de diez empresas en tres años, de 2013 a 2016, asignando a la Fundación EMPREPAS como el ente ejecutor del proyecto por contar con la metodología transferida por el IESE.

Una vez seleccionadas las empresas, el equipo local de Fundación EMPREPAS comunicó a los encargados de Recursos Humanos de cada empresa que podían acceder a realizar el estudio, aportando una mínima parte de un monto patrocinado en parte por la OIT, donantes privados y de ANEP.

Una vez interiorizados del alcance del proyecto por parte de los 10 participantes, internamente cada empresa desplegó campañas informativas para motivar una alta participación de los colaboradores en el llenado de las encuestas o en la participación de entrevistas y "focus groups" que se organizaron. Los mensajes fueron firmados por el líder comprometido de la Alta Dirección, mostrando con ello la importancia del proyecto a favor del empleado y su familia.

La siguiente etapa estuvo a cargo del equipo local de Fundación EMPREPAS bajo la dirección de la Dra. Debeljuh y consistió en trabajar junto el equipo líder en la conformación de una muestra representativa de la planilla de empleados, sobre la cual se recogieron los datos cuantitativos a través de una encuesta on line o en papel, monitoreados en línea desde el IESE de Barcelona.

De forma paralela, se efectuó un estudio cualitativo que permitió conocer por medio de grupos focales y entrevistas personalizadas, la situación de balance de los colaboradores e indagar sobre cómo se vive la temática dentro de la organización.

El reto era entender, en una forma integral, cuál era la cultura organizacional, tangible e intangible, y su impacto en facilitar la integración o balance de vida de los colaboradores en los diferentes niveles de la organización.

Una vez procesada la información cuantitativa, el International Center for Work and Family de IESE envió el informe final del diagnóstico IFREI. En cuanto a las políticas y prácticas los resultados permiten identificar entre otros aspectos las políticas de flexibilidad laboral a que tienen acceso, cuáles consideran más valiosas y cuáles desearían para balancear mejor su vida de trabajo con su vida de familia.

A partir de los emergentes del relevamiento cualitativo y con el insumo proveniente del trabajo con los equipos líderes y con los directores de cada empresa, se elaboró un informe de aspectos destacados y fortalezas que coexisten dentro de cada organización junto con las oportunidades de mejora y recomendaciones a seguir. Se trató de mostrar en qué medida las familias de los colaboradores están presentes en las decisiones y cuáles serían los nuevos desafíos para asumir.

En lo que se refiere al rol de los líderes a la hora de administrar las demandas de balance trabajo – familia de sus colaboradores, el informe muestra qué nivel de liderazgo ejercen los directivos de las empresas participantes con respecto a la Responsabilidad Familiar Corporativa en las dimensiones de apoyo tanto emocional como instrumental, la gestión de políticas y el rol que juegan como modelo de balance.

El plan piloto con las empresas

El plan piloto con las 10 empresas genero 10 informes con los datos recabados a través de la Fundación EMPREPAS, con el respaldo de la Organización Internacional del Trabajo, OIT, la Escuela de Negocios IESE y la Escuela de Negocios IAE. Y derivó en la edición de una guía de buenas

Prácticas: Hacia el Balance de Vida, Trabajo y Familia. La Experiencia en y desde El Salvador. Se puede descargar el libro completo en la página web de la fundación: www.emprepas.org.sv

En estos estudios se utilizaron los Indicadores Internacionales de Medición IFREI (Family Responsible Employer Index) 2.0, creados por el Centro Internacional de Trabajo y Familia del IESE, para medir académicamente como se encuentran las buenas prácticas que facilitan el balance trabajo-familia en el ambiente laboral. El estudio tuvo como propósitos:

- Identificar el estado actual de la Responsabilidad Familiar Corporativa (RFC)
- Mostrar el impacto que tienen las políticas, el liderazgo, y la cultura, sobre la salud, la intención de dejar la empresa, la motivación y la satisfacción de los empleados.
- Conocer la percepción que tiene de las políticas el personal de la empresa.
- Identificar los frenos e impulsores capaces de producir cambios en la cultura de la organización.

El objetivo final es elevar la competitividad desde una visión de Responsabilidad Social Empresarial enfocada en el stakeholder Público Interno, a la vez que se es pionero en el país de la RESPONSABILIDAD FAMILIAR CORPORATIVA, que se define como el compromiso de las empresas de impulsar el liderazgo, la cultura y las políticas de balance que faciliten en sus organizaciones la integración de la vida laboral, familiar y personal de sus empleados

El análisis de la situación de las 10 empresas fue realizado desde tres dimensiones, considerando asimismo distintos entornos que proyectaron resultados a dos niveles: organizativos e individuales.

Las empresas con las que trabajamos en El Salvador aparecen detalladas en la siguiente tabla:

EMPRESA	TIPO DE EMPRESA	ORIGEN	ANTIGÜEDAD	AÑO DE EJECUCIÓN	MUJERES EN PLANILLA	HOMBRES EN PLANILLA	PLANILLA TOTAL	TOTAL, DE BENEFICIADOS (*)
ALMACENES SIMAN	Almacén de Retails	Nacional	95 años	2013	2,444	1,546	3,990	14,843
TELUS INTERNATIONAL	Business Process Outsourcing	De origen nacional, posteriormente adquirido por TELUS INTERNATIONAL	9 años	2013	1,000	1,500	2,500	9,300
PREMIUM RESTAURANTS OF AMERICA, PIZZA HUT	Restaurante	Internacional	28 años	2013	1,320	1,080	2,400	8,928
DISAL	Distribuidora de licores	Nacional	9 años	2013	215	197	412	1,533
GRUPO SAN NICOLÁS	Fábrica, distribución y venta de productos farmacéuticos	Nacional	50 años	2014	792	408	1,200	4,464
DAVIVIENDA	Banco	Tras una huella nacional centenaria, fue adquirida por capitales colombianos	131 años (**)	2014	1,263	855	2,118	7,879
UNIVERSIDAD FRANCISCO GAVIDIA	Educación	Nacional	35 años	2014	141	159	300	1,116
ASESUISA UNA EMPRESA SURA	Seguros	De origen nacional, recientemente adquirida por Grupo SURA de Colombia	47 años	2015	156	105	261	971
AEROMAN	Servicio de mantenimiento de aviones	Nacional	32 años	2015	192	2,318	2,510	9,337
DELSUR	Distribuidora de energía eléctrica	De origen nacional, recientemente adquirida por Grupo EPM de Colombia	20 años	2015	52	247	299	1,112
TOTAL					7,575	8,415	15,990	59,483

El proyecto desarrollado en El Salvador nos ha permitido analizar el nivel de responsabilidad familiar corporativa en empresas de diferentes sectores, industrias, origen de capital, tamaño y dispersión geográfica. El siguiente cuadro muestra la diversidad de características de las diez empresas distribuidas en las cuatro etapas del proyecto piloto, para demostrar que el universo fue muy variado también en cuanto al tipo de negocio, antigüedad de las empresas y cantidad de hombres y mujeres que conforman su plantilla.

(*) Según el dato del último censo nacional, hay 3.72 personas por hogar (DIGESTYC, Encuesta de hogares de propósitos múltiples, 2014. Ministerio de Economía, Gobierno de El Salvador)

(**) Los 131 años corresponden a la antigüedad de Banco Salvadoreño que fue absorbido en el año 2012 por DAVIVIENDA, antes estuvo unos años bajo la franquicia HSBC.

Los datos de este cuadro hablan por sí solos del alcance que ha tenido el proyecto. Sumando las plantillas (planillas o listado de trabajadores asalariados) de las diez empresas participantes, ha involucrado a una dotación global de casi 16000 colaboradores llegando a impactar a casi 60.000 familiares si se toma el promedio de 3,72 personas por hogar del DIGESTYC.

Resultados del Proceso

El estudio con las 10 empresas mostró cómo la Responsabilidad Familiar Corporativa impacta en los resultados individuales y organizativos de cada empresa con indicadores relacionados a la intención de dejar la empresa, la productividad, la salud y bienestar de las personas, la motivación laboral, entre otros.

Ambos informes, cuantitativo y cualitativo, fueron presentados a la Alta Dirección y al equipo líder de cada una de las compañías participantes y se trabajó con los directivos las acciones de mejoras y las recomendaciones para avanzar con el balance trabajo – familia de los colaboradores.

En las diez empresas el estudio ha permitido a los responsables de gestionar el talento humano conocer con mayor amplitud y profundidad las circunstancias que viven las familias de sus colaboradores, los retos que enfrentan a la hora de equilibrar familia y trabajo, apoyarles de forma más eficiente y proveerles desde la empresa una mejor calidad de vida en función de sus necesidades particulares.

A través de los resultados de la investigación, ha sido posible mostrar a la alta dirección cómo una cultura que propicie el balance entre vida de familia y vida laborar, puede aportar beneficios para la empresa, para las familias y para la sociedad en un corto y largo plazo. Concretamente, nos referimos especialmente a la seguridad ciudadana, a la disminución de las pandillas y grupos delincuenciales, a la estabilidad emocional y al rendimiento escolar de los hijos de los colaboradores, preocupaciones todas muy cercanas a la vida de los salvadoreños.

El estudio realizado con las diez empresas nos ha permitido también contar con un parámetro del nivel de responsabilidad familiar corporativa de El Salvador con respecto a la media de la Región.

Referencias

Debeljuh P. & de Santos, E. R. (2016). Hacia el Balance Vida, Trabajo y Familia. Ciudad Delgado.

Santos, E. d. (3 de mayo de 2018). Coordinadora de proyectos de fundacion EMPREPAS. (K. d. Velado, Entrevistador)

Debeljuh, P., & Destefano, A. (2013, octubre). Hacia la Responsabilidad Familiar Corporativa. Buenos Aires.

4. Actualidad y retos de la RFC: la visión desde Chile

La importancia de fomentar el balance trabajo y familia desde la empresa

María José Bosch
Directora del Centro Trabajo y Familia
ESE Business School (Universidad de los Andes)
Chile

El mundo está cambiando demasiado rápido y todos somos consciente de ello. Es por esto, que las medidas que debemos tomar para hacernos cargo de estos cambios comienzan a ser más interesantes y desafiantes. Este anexo se enfoca en la dificultad de integrar trabajo y familia y el desafío de promover la responsabilidad familiar corporativa en las organizaciones.

¿Por qué es importante preocuparse de la conciliación?

Familia y trabajo son dos áreas esenciales del desarrollo de las personas. Es importante distinguir que el trabajo es instrumental para la persona y la familia, mientras que la familia no es instrumental para el trabajo (Pezoa, A. en Debeljuh et al, 2013). La familia es el núcleo básico de la sociedad. Es la principal escuela para adquirir habilidades y donde desarrollamos capacidades de lealtad, compromiso y vínculos afectivos, que son básicos para el buen desarrollo tanto de la sociedad como de la empresa.

Las empresas y la sociedad no están desconectadas de la persona y la familia. No funcionan como elementos independientes, sino que se nutren de ellas (Pezoa et al, 2011). Se produce conflicto cuando organizamos el trabajo considerando que la persona no tiene otras actividades. Esta forma de organizar el trabajo produce estrés, culpas o puede incluso provocar que tengamos que elegir entre una de las dos dimensiones: o trabajo o familia. También se produce conflicto cuando como sociedad no reconocemos la importancia y el valor que tiene la familia en nuestro desarrollo. Algunas formas de desconocer la importancia de la familia es por ejemplo penalizar la paternidad y maternidad (Debeljuh et al, 2013). También cuando omitimos el cuidado de personas mayores (Bosch et al, 2017) o personas con algún grado de dependencia (Debeljuh et al, 2016), o cuando no le damos el valor al aporte de la familia al buen funcionamiento de la sociedad (Chinchilla et a, 2007).

En el último tiempo hay dos cambios que podemos destacar. El primero es la mayor participación de la mujer en el mundo laboral remunerado. Este cambio ha impactado a la demografía de las organizaciones, pero también a los roles que desempeñan los integrantes de la familia. El segundo cambio que ha impactado en la conciliación trabajo y familia es la tendencia del empleo que, relacionada a la globalización, se ha vuelto más intensa, más extensa y más competitiva (Debeljuh et al, 2015). Estos dos cambios, que no han sido los únicos, han provocado grades impactados en los ámbitos individuales, sociales y empresariales (Chinchilla et al, 2007).

En el ámbito individual, estos cambios son los altos niveles de estrés (Hall et al, 2012). El estrés tiene importantes efectos negativos en la salud. También, existe un cambio de los roles en la familia. Durante mucho tiempo el rol de cuidado del hogar y la crianza de los niños lo desarrollaba la mujer, por otra parte, el hombre cumplía el rol de proveedor buscando recursos fuera del hogar (Chinchilla, 2007). Esta nueva dinámica ha provocado que los roles que antes estaban definidos ahora deban ajustarse a nuevas realidades (Las Heras et al, 2007). El modelo que sirvió para las generaciones anteriores ya no responde a las necesidades de las nuevas generaciones. Este ajuste produce tensiones y conflictos dentro de las familias (Poelmans et al. 2013). El proceso de adaptación es lento y el impacto de nuestras decisiones afecta la armonía y el desarrollo familiar.

Otro impacto de estas nuevas tendencias en el ámbito individual es el retraso de la edad de casarse. Este nuevo escenario, afecta la edad en que los padres deciden tener su primer hijo. La postergación de la maternidad ya es considerada un tema de salud pública relevante en el mundo. Sus efectos son múltiples y en su mayoría negativos (ver Fuentes et al, 2010). Algunos de ellos son: envejecimiento de la población, aumentan los embarazos de alto riesgo, aumenta la tasa de abortos espontáneos. Finalmente, un último impacto, es la disminución de la fecundidad deseada. Esta disminución se debe principalmente a miedos y no a oportunidades. Las dos razones principales para decidir no tener más hijos son motivos económicos y dificultad para conciliar trabajo y familiar (UC & Adimark, 2009).

Todos estos cambios también han afectado el ámbito social. Por una parte, la familia tradicional ya no representa a la mayoría de las familias. Hay un aumento constante en las familias monoparentales y familias unipersonales (CASEN 2011). Por otra parte, El funcionamiento de las sociedades todavía supone que hay una persona dentro del hogar dedicada completamente al cuidado de la familia (PNUD, 2009). Los horarios escolares, los servicios públicos, no son compatibles con familias donde todas las personas adultas trabajan fuera del hogar. Al sumar el trabajo que las mujeres realizan para el mercado con el que dedican al cuidado de la familia y a sus propias actividades personales, se constata que trabajan una mayor cantidad de horas que los hombres. De acuerdo con el PNUD (2009) las mujeres destinan entre 1.5 veces más tiempo que los hombres a los quehaceres del hogar y al cuidado de la familia. El tiempo que tanto hombres como mujeres dedican al trabajo crece cada día más; por lo que disponen de menos espacio para la familia, la vida social y sus actividades personales.

Esto produce tensiones y la necesidad de organizar de nuevas formas las tareas domésticas, familiares y laborales (Demel, et al, 2011). Socialmente tiene un gran impacto en la educación de las nuevas generaciones, con niños con más horas frente al televisor y una mayor tasa de fracaso escolar. En los adultos, hay países donde las licencias por estrés superan en tiempo y costo a las de maternidad. Algunos números que demuestran este cambio este cambio social es la fuerte disminución de matrimonios, por ejemplo, en Chile (50% entre 1998 y 2006) y el aumento de divorcios (300% entre 1998 y 2006).

Finalmente, la empresa y organizaciones no están exentas de los efectos de todos estos cambios. El principal y más evidente, son los cambios demográficos. Ahora existe mujeres, hombres, jóvenes, viejos, madres, padres, y un largo etc., que dan variedad a las realidades de las organizaciones y las cuales afectan su clima, estructura, políticas, etc. Otros cambios, no tan positivo, es el aumento en el ausentismo, alta rotación y la dificultar para atraer y retener talento que tiene hoy en día las empresas.

Todas estas transformaciones sociales, culturales y económicas, cambios en las relaciones sociales, familiares y laborales, modificaciones demográficas y socioculturales han provocado un fuerte conflicto entre trabajo y familia. El efecto ha sido tan potente, que lo que antes se consideraba un tema exclusivo de las mujeres, ha despertado el interés en múltiples grupos tales como: empresarios, gobierno, trabajadores y académicos.

¿Qué podemos hacer con esta nueva realidad?

El primer paso, es reconocer esta nueva realidad. Ser conscientes que todos estos cambios afectan a la empresa y su contexto. Las empresas corren el riesgo de tomar decisiones pensando en el corto plazo, sin preocuparse de su sustentabilidad y atractividad para los talentos actuales y futuros.

El segundo paso, es conocer los beneficios que pueden tener conciliar trabajo y familia y los impactos que estas prácticas lleguen a tener en la organización. Numerosos estudios han demostrado los efectos positivos que tienen las políticas y culturas de conciliación en las empresas (ejemplo: Thompson et al, 1999; Valcour, 2007; Las Heras et al, 2015; Rofcanin et al, 2017; Bosch et al, 2018). Algunos estudios se han preocupado de entender los efectos de la conciliación tanto a nivel individual como organizacional, como lo son los efectos en la salud, compromiso, tipo de vínculo, comportamiento cívico de la organización, entre otros.

El tercer paso, es llevarlo a la práctica, tomando en cuenta la realidad de la empresa. Para hacer esto es importante enfocar los recursos y tener un buen diagnóstico.

Implementando la conciliación trabajo y familia

A medida que transcurre el tiempo se les ha dado mayor importancia a las medidas de conciliación de la vida laboral, familiar y personal, existentes en las empresas. Las medidas de conciliación son todas aquellas iniciativas formalizadas que adoptan las empresas, adicionales a las establecidas en la ley, con el propósito de que los trabajadores y trabajadoras puedan desarrollarse de modo integral, logrando el cumplimiento de sus responsabilidades familiares, laborales y personales, alcanzando así una relación más armónica entre todas estas dimensiones. Estas prácticas proporcionan flexibilidad, tanto de tiempo como de espacio, e incluyen el apoyo profesional y los servicios y beneficios familiares y/o personales que van más allá de una retribución económica (Blair-Loy et al, 2004). Existen muchas maneras en que las empresas pueden ayudar a sus empleados a equilibrar trabajo y vida privada (Breaugh et al 2008).

Los beneficios de estas políticas no solo son en virtud de los empleados (Haar et al, 20190), sino que también tienen un impacto positivo para las empresas, facılıtando horarios más amplios de atención al público, menores gastos por absentismo laboral y mayor compromiso de las personas con su trabajo. El desarrollo e implementación de políticas son esencialmente necesarios y positivos en aquellas industrias o sectores que experimentan cambios de productos o servicios constantemente. Es justamente en estas industrias donde la característica principal es la flexibilidad. Un entorno laboral sometido a constantes cambios y muy determinado por la demanda momentánea deberá repensar su modelo burocrático, y lograr una transformación de la organización. Este nuevo panorama implica una nueva forma de organización y nuevo perfil de competencias profesionales (Bosch et al, 2014).

Al adoptar medidas que concilien los diferentes ámbitos, las empresas se ven beneficiadas, en tanto podría disminuir la rotación de sus trabajadores, con la consecuente reducción de los costos en selección y capacitación del personal; baja de ausentismo, mejora del desempeño y la motivación; todo ello en pro de la productividad. (Chinchilla, et. al, 2003).

Las políticas de RFC también tienen otros impactos positivos en la sociedad como por ejemplo facilitar la disminución de la contaminación industrial debido a menores desplazamientos de los trabajadores, se reducen los costos de salud ya que estas medidas facilitan la disminución del estrés y otras enfermedades relacionadas, y por último tienen también un impacto en el nivel educativo del país ya que los padres pueden involucrarse más en la educación de sus hijos, con el consiguiente aumento en el rendimiento escolar así como la disminución de adicciones y criminalidad (Bosch et al, 2014).

Las políticas que contribuyen a la armonización entre la vida laboral, familiar y personal, buscan reducir las tensiones entre las demandas del trabajo y de la vida familiar y personal (Grover et al, 1995). Dado el cambio de composición demográfico de la fuerza laboral, la incorporación de medidas de conciliación que ayuden a la integración, se han vuelto fundamentales para la atracción y retención del talento (Ingram & Simons, 1995).

Las políticas de conciliación deben adaptarse al modelo de gestión, negocio principal, estrategia, misión, valores, cultura corporativa y plan estratégico de cada empresa. Una vez que esto está claro el siguiente paso que debe realizar una organización que busca tener entornos con Responsabilidad Familiar Corporativa (RFC) es realizar un autodiagnóstico. Esto sirve para saber en dónde se encuentra la organización, en qué etapa de desarrollo está, qué políticas tiene, y conocer las características de sus colaboradores.

Es importante que la empresa reconozca que no a todos se les puede facilitar las mismas políticas, ya que cada colaborador puede tener necesidades distintas, gustos diferentes, o dado que no todas las políticas son aplicables a todos los puestos de trabajo. Esto es lo que conocemos como "café con leche para todos"; si en una reunión pidiéramos café con leche para todos estaríamos asumiendo que todos tienen los mismos gustos y necesidades, cuando puede haber algunos que prefieran un café puro o un té. Así, en una misma organización para una persona puede ser útil y factible el teletrabajo (trabajo desde el hogar u otro lugar fuera de la empresa), para otra persona en la misma organización puede ser impracticable e incluso puede no valorarlo/necesitarlo.

Este proceso debe ser de implementación lenta, ya que se trata de un cambio cultural. No es aconsejable aplicar en primera instancia el plan en toda la organización. Puede resultar útil ir probando en algunos departamentos, ir haciendo los ajustes necesarios, para luego ir ampliando al resto de la organización. Luego es imprescindible que se evalúen constantemente las políticas, viendo cuál es su utilización real. Se deben realizar reuniones periódicas en las cuáles se evalué el conocimiento que tienen los colaboradores sobre las políticas que tiene la organización, cuáles han sido los obstáculos encontrados, cuáles políticas no han funcionado de la manera que se esperaba, cuales políticas están pidiendo los colaboradores que se incorporen y cuales políticas han tenido mayor resistencia.

También es necesario preparar y educar a los colaboradores y jefaturas en la implementación de políticas, beneficios y servicios que promuevan la conciliación. Es extremadamente necesario que cada uno sepa que se espera de su trabajo, educarlos en el manejo del tiempo, qué entiendan la importancia que tiene la conciliación para la empresa, la importancia de su comportamiento sobre la cultura organizacional, etc. Resulta impensado la implementación de un horario flexible si las personas no tienen claro cuáles son las metas que deben cumplir laboralmente o lo que realmente se espera de ellos. Esto es como cuando se instala un nuevo sistema operativo en la organización (por ej. SAP), hay que explicar cómo va a funcionar, quienes lo van a implementar, como afecta a cada puesto, etc. para evitar malentendidos mejorar la implementación.

En todo proceso de implementación la comunicación interna toma un rol protagónico. La comunicación dentro de la empresa debe ser bidireccional, es decir debe ir desde la Dirección hacia los colaboradores y viceversa. Hay muchas empresas que disponen de medidas de conciliación pero que sus destinatarios no utilizan por varios motivos tales como desconocimiento de ellas, no les son útiles, desconfianza o porque generan resistencias, y por desconocimiento de los requisitos para acceder a ellas.

En todo este proceso es esencial la ejemplaridad y la formación de los propios directivos. Por lo que es fundamental que exista un compromiso con la implementación de la conciliación trabajo y familia desde la alta dirección. Solo así será factible llevar a cabo distintos planes de acción, tener recursos disponibles, y que los supervisores de la organización le den la importancia de este tema. Entonces para poder desplegar las distintas políticas y medidas de conciliación es necesario tener un plan respaldado por la alta dirección, comunicado a todos los colaboradores y que exista una comunicación interna periódica sobre las distintas iniciativas relacionadas con la conciliación trabajo y familia.

Es por esto que el líder es un actor clave en la organización y en su contexto, ya que actúa como modelo a seguir y entrega los fundamentos para que los empleados sepan cuáles son los comportamientos que se consideran aceptables (Ambrose et al, 2013). Por ejemplo, priorizando la productividad y eficiencia por sobre el presentismo, también demostrando con hechos que la familia es importante. Los líderes están bien posicionados para entender las necesidades de los empleados y de la empresa. Además, de tener una visión global del contexto en que se encuentra su negocio y sus trabajadores, buscando beneficios que los favorezcan a ambos.

Sin el líder, la implementación de políticas y la cultura organizacional se ven afectadas. Por lo que la primera y mejor política que una empresa pueda implementar en conciliación trabajo y familia, es tener líderes convencidos que la familia es importante. Los líderes son de vital importancia ya que impactan como los trabajadores perciben a la empresa, canalizan la cultura organizacional y finalmente afectan los resultados. No es suficiente crear políticas y beneficios de conciliación trabajo y familia o hacer públicos los valores de la empresa, sino que estos se tienen que ver reflejados en el comportamiento de los líderes de la organización ya que ellos muestran los comportamientos aceptables en una organización. Es muy importante que los líderes fomenten y que faciliten la conciliación trabajo y familia de sus colaboradores.

G. Conclusión

Las personas estamos insertas en familias, en empresas y pertenecemos a la sociedad. Las consecuencias laborales, familiares y sociales están entrelazadas. En sociedades desvinculadas, hay familias débiles, empleados poco comprometidos y personas descentralizadas. Mientras que personas que logan equilibrar estos diferentes ámbitos de desarrollo, son colaboradores comprometidos, fomentan familias sólidas y desarrollan sociedades sanas y sostenibles. Por ejemplo, una persona estresada en el trabajo afectará su convivencia en el hogar y no podrá tampoco contribuir a la sociedad.

Dada esta realidad, es que es importante incorporar el concepto de corresponsabilidad. Se entiende por conciliación con corresponsabilidad la organización del trabajo de manera que las personas puedan complementar las obligaciones e intereses laborales con sus responsabilidades e intereses familiares y personales. Supone la responsabilidad compartida tanto de mujeres y hombres como también de las organizaciones, la comunidad, el Estado y la sociedad en su conjunto. Para poder introducir la conciliación con corresponsabilidad de forma efectiva, por una parte, las organizaciones debieran incluir políticas, beneficios y servicios que tomen en cuenta las funciones de cuidado de los hombres y que no estén enfocadas únicamente en la mujer. Por otra parte, la corriente de políticas y programas sociales del gobierno deben incluir aspectos que faciliten la conciliación entre la vida laboral, familiar y personal, tomando en cuenta la corresponsabilidad social en las tareas de cuidado, entre hombres y mujeres, así como también entre familias, Estados, mercados y la sociedad (PNUD, 2009).

Estos cambios en el entorno laboral, así como también en las expectativas de los trabajadores han reformulado el trabajo. Esto no sólo se ha convertido en un desafío para las empresas y para los trabajadores, sino que puede ser visto como una oportunidad. En la medida que las empresas se reinventan surgen nuevas oportunidades de crecimiento que antes no existían. Pero para mantenerse vigentes los trabajadores deben actualizar y ampliar sus necesidades con mayor frecuencia y emplear una mayor cantidad de destrezas (Bosch et al, 2017).

Dada la necesidad de atraer y retener talentos que tienen las empresas, no tienen espacio para el enfoque de talla única. Es tiempo de que las compañías creen ambientes en los cuales las personas puedan perseguir sus trayectorias profesionales adaptándolas a sus circunstancias individuales (Las Heras, 2012). El talento moderno requiere fomentar la flexibilidad, las relaciones orientadas al desarrollo, la visibilidad, la transparencia y el manejo de la diversidad (Las Heras, 2012). Las empresas están encontrando dificultades en atraer y retener a los empleados valiosos debido a que cada vez más ellos están tomando decisiones laborales basadas en sus condiciones familiares (por ejemplo, rechazar un traslado o promoción por motivos familiares).

El desafío que enfrenta las empresas es fomentar y facilitar culturas, liderazgos y políticas que ayuden a generar entornos que faciliten la conciliación entre trabajo y familia. Interesados en este desafío, desde el grupo de Colaboradores IFREI queremos ayudar a las organizaciones a crear culturas con responsabilidad familiar corporativa. A través de la investigación, medición y difusión de buenas prácticas que ayuden a crear entornos familiarmente responsables.

Referencias

Ambrose, M. L., Schminke, M., & Mayer, D. M. (2013). Trickle-down effects of supervisor perceptions of interactional justice: A moderated mediation approach. Journal of Applied Psychology.

Blair-Loy, M. & Wharton, A. S. 2004. Organizational commitment and constrains con work-family policy use: Corporate flexibility policies in a global firm. *Sociological Perspectives*, 47 (3), 243-267

Breaugh, J. A. & Frye, N. K. 2008. Work-family conflict: The importance of family-friendly employment practices and family-supportive supervisors. *Journal of Business and Psychology*, 22 (4): 345-353.

Bosch, M. J., Las Heras, M., Russo, M., Rofcanin, Y., & i Grau, M. G. (2018). How context matters: The relationship between family supportive supervisor behaviours and motivation to work moderated by gender inequality. Journal of Business Research, 82, 46-55.

Bosch, M.J. &Riumallo, M.P. (2017) Carrera vs Trayectoria Profesional. CTF-NT-ES-17-233

Bosch, M.J. &Hernández. T. (2017) Conciliación y el Adulto mayor: salud, pensiones y cuidado. Cuaderno ESE.

Bosch, M.J., Cano, V.; Riumalló, M.P. & Tarud, C. (2014): Estudio percepciones y prácticas de conciliación y corresponsabilidad en organizaciones públicas y privadas. SERNAM

CASEN (2011): Encuesta de Caracterización Socioeconómica Nacional

Chinchilla, N. & y Moragas, M. (2007): Dueños de nuestro destino: cómo conciliar la vida profesional, familiar y personal. Barcelona: Ariel

Chinchilla, N. & León, C. (2007):"Hacia la conciliación de la vida laboral, familiar y personal" - Guía de Buenas Prácticas de la Empresa Flexible - 2007. Madrid: ICWF

H. Países colaboradores del estudio IFREI sobre RFC

Argentina

Patricia Debeljuh

Es la Directora del Centro Walmart Conciliación Familia y Empresa (CONFyE) del IAE Business School, Universidad Austral. Es Doctora en Filosofia por la Universidad de Navarra- España (2002). En 2013 realizó el Programa de Alta Dirección en el IAE Business School de Argentina.

Durante más de diez años fue Profesora Titular Ordinaria en la Universidad Argentina de la Empresa a cargo de la materia Ética, Responsabilidad Social y Desarrollo Sustentable en las maestrías de la Escuela de Dirección de Empresas.

Su experiencia académica se ve enriquecida por trabajos de investigación en diversas empresas nacionales e internacionales dirigidos a implementar la gestión de la ética dentro de las organizaciones, la responsabilidad familiar corporativa y el desarrollo de mujeres directivas. Ha acompañado procesos de la acreditación IFREI en empresas de Argentina y de Centroamérica contratada por EMPREPAS, ANEP y OIT.

María Elena Ordoñez y Revuelta

Actualmente trabaja como Coordinadora e Investigadora Senior en el Centro Conciliación Familia y Empresa de IAE Business School de la Universidad Austral de Argentina. Tiene un PhD en Gobierno y Cultura de las Organizaciones por la Universidad de Navarra en 2014 y un MBA en IAE Business School, por la Universidad Austral de Buenos Aires en 2003.

Su trayectoria profesional como investigadora se ha centrado en temas de Responsabilidad Familiar Corporativa y liderazgo en las organizaciones e integración familia y trabajo en la gestión empresarial. Ha sido profesora en la Universidad Argentina de la Empresa y en la Universidad Internacional de Catalunya en temas de gestión de proyectos y diseño, y evaluación de Políticas Familiares.

Ha trabajado en diversas empresas latinoamericanas como consultora, enfocada en el asesoramiento, la gestión de proyectos en áreas de Dirección de Personas, Conciliación trabajo y familia, RSE e inversión.

Chile

María José Bosch Kreis

Directora del Centro Trabajo y Familia Grupo Security del ESE Business School y Profesora Asociada del ESE Business School. Investiga y enseña en materias de dirección de personas como conciliación trabajo y familia, liderazgo, liderazgo femenino, desarrollo de competencias, diferencias culturales, confianza y comportamiento organizacional. Dirige el Club IFREI Chile, que es el punto de encuentro para empresas interesadas en desarrollar entornos que promuevan la Responsabilidad Familiar Corporativa.

María Paz Riumalló Herl

Directora Ejecutiva del Centro Trabajo y Familia Grupo Security del ESE Business School. Investiga en temas de dirección de personas como conciliación trabajo y familia, mujeres en la dirección y liderazgo. Ha investigado también en temas de ética y gobierno corporativo.

Colombia

Sandra Idrovo

PhD – Comunicación Cum Laude y M.A. – Ciencias de la Información, Suma Cum Laude, de la Universidad de Navarra, Pamplona – España.

Directora de Investigación y Directora del Área de Dirección de Personas en las Organizaciones INALDE – Business School. Consultora en temas de conciliación trabajo-familia. Ha dictado conferencias y presentado trabajos de investigación, sobre temas de Comunicación y Cultura y Cultura y Empresa en Ecuador, EE.UU., Italia, Turquía, Inglaterra y Uruguay.

Carolina Torres

Internacionalista y Politóloga de la Universidad del Rosario, Bogotá- Colombia, Especialista en Proyectos para el Desarrollo, Universidad Externado de Colombia.

Investigadora del Área de Dirección de Personas en las Organizaciones INALDE- Business School, enfocada en temas de RSC y conciliación trabajo-familia.

Filipinas

María Victoria Caparas

La doctora Avic Caparas Profesora Asociada de la Universidad de Asia y el Pacífico. Imparte cursos de Gestión de Recursos Humanos y métodos de investigación de gestión. Recibió su Ph.D en Gestión por la Universidad de Navarra. Máster en Administración de Negocios por la Universidad de Londres y su carrera (summa Cum Laude) en Administración de Negocios por la Universidad de East. Es la principal investigadora del Club IFREI en Filipinas. Ella participó en uno de los grupos expertos de Naciones Unidas sobre la preparación de Año Internacional de la Familia en 2014.

Guatemala

Hugo Cruz

Doctor en Gobierno y Cultura de las Organizaciones (*Cum Laude)* por la Universidad de Navarra. Realizó su tesis doctoral sobre los "Efectos de los entornos familiarmente responsables sobre la motivación de los colaboradores". Es Director Ejecutivo del Centro de Investigaciones Humanismo y Empresa (CIHE) y Profesor de Ética y de Factor Humano en UNIS Business School, ambas instituciones de la Universidad del Istmo (Guatemala). Desde 2009 colabora con el ICWF en la aplicación del IFREI en Guatemala. Es socio consultor de NCH and Partners.

María Olga Umaña de Matheu

Licenciada en Administración de Empresas *(Cum Laude)* por la Universidad Francisco Marroquín. Cuenta con un MBA con énfasis en mercadeo. Ha desarrollado toda una trayectoria laboral en el campo de la Investigación de mercados y mejora de estrategias de marketing. Actualmente es socia de Action Market, empresa especializada en investigación cuantitativa y cualitativa de mercados. Ha colaborado con el Centro de Investigaciones Humanismo y Empresa de la Universidad del Istmo desde el año 2009 en la ejecución de varios proyectos de investigación en el área de trabajo balance-familia y ética empresarial, entre ellos la aplicación del IFREI en Guatemala.

Elisa Gómez de Rodríguez

Licenciada en Mercadotecnia por la Universidad Rafael Landívar y Máster en Educación Universitaria por la Universidad del Istmo. Después de una exitosa trayectoria profesional en empresas de gran calado como Colgate-Palmolive, decidió independizarse y fundar Action Market, empresa especializada en investigación cuantitativa y cualitativa de mercados. Actualmente es Directora de Comunicación Institucional y Promoción de la Universidad del Istmo. Ha colaborado con el Centro de Investigaciones Humanismo y Empresa de la Universidad del Istmo desde el año 2009 en la ejecución de varios proyectos de investigación en el área de trabajo balance-familia y ética empresarial, entre ellos la aplicación del IFREI en Guatemala.

Carmen Elena Hernández de Velado (Kalena)

Master de Matrimonio y Familia, por la Universidad de Navarra, Pamplona, España, (tesis en curso) Promoción 2016. Master en Bioética (2007) por la misma Universidad, en alianza con la Universidad del Istmo, Guatemala.

Master en Docencia por la Universidad del Istmo, Guatemala (2004). Recibió el diploma que la acredita como experta en el tema "Formación por Competencias (área Gerencial)", del programa piloto modalidad distancia, con el Centro Internacional de Formación de la Organización Internacional del Trabajo (OIT) de Milán, Italia y en alianza con el INSAFORP. Colabora como columnista en la sección Editorial de LA PRENSA GRAFICA desde 1990. Escribe también para la revista femenina ELLA, para la sección "Estilos", publicada por ese mismo periódico mensualmente.

Fundadora y Presidenta de la Fundación EMPREPAS, Miembro del Comité Nacional de Balance Familia y Trabajo y del Comité de RSC de la Asociación Nacional de la Empresa Privada (ANEP). Le fue otorgado el reconocimiento de "Profesional del Año 2014", de parte de la Universidad Dr. José Matías Delgado, en El Salvador, en la cual se obtuvo una Licenciatura en Administración de Empresas, cuya tesis recibió la primera mención honorífica otorgada en la facultad de economía de esa Alma Mater.

Emma de los Santos

Licenciada en Administración de Empresas por la Universidad Centroamericana José Simeón Cañas (UCA). Durante 10 años trabajó en la Comisión Ejecutiva Hidroeléctrica del Río Lempa CEL, en diversas unidades administrativas. Luego fue Directora Ejecutiva del Centro de Capacitación Profesional para la Mujer SIRAMÁ. A continuación, desarrolló su trayectoria profesional como consultora de organismos no gubernamentales coordinando planes estratégicos con enfoque de procesos bajo Normas ISO.

Desde el año 2012 se ha desempeñado en forma paralela como Coordinadora Técnica del Plan Piloto realizado por Fundación EMPREPAS junto a la Organización

Internacional del Trabajo (OIT) y la Asociación Nacional de la Empresa Privada (ANEP), dirigiendo a nivel local la investigación IFREI 2.0 En los últimos años también se ha dedicado a dirigir junto a su esposo una empresa familiar.

México

María del Carmen Bernal

Directora del Centro de Investigación de la Mujer en la Alta Dirección (CIMAD), así como Profesora del Área de Dirección de Personal del Instituto Panamericano de Alta Dirección de Empresa (IPADE Business School). Es Doctora en Pedagogía por la Universidad de Navarra, España. Ha sido consejera del IMIFAP, Instituto Mexicano de Investigación de la Familia y la Población, así como de varias instituciones educativas. Participa como comentarista invitada en el programa de Red Empresarial, 88.1 FM de Radio Red, con Alonso Castellot sobre temas de mujer y liderazgo, y como conferenciante invitada en distintos foros. En octubre del 2011 recibió el Reconocimiento Mujer Construye por su labor investigadora en temas de educación y mujer. Autora de diversos artículos y publicaciones relacionados con el tema de educación, Mujer y liderazgo y diversidad e inclusión. Miembro de la Delegación mexicana del Women´s Forum for the Economy & Society. Miembro del Consejo Consultivo de Igualdad de Género e Inclusión de Walmart de México. Presidenta del Patronato Colegio Montefalco, Morelos México. Delegada de México para el Women 20 en Turquía y China W20 en el G20.

Alejandra Moreno Maya

Directora de Investigación del Centro de Investigación de la Mujer en la Alta Dirección, IPADE, México. Ingeniera Industrial por la Universidad Panamericana, Máster en Administración por la Universidad La Salle. Experta en el tema de inclusión del talento femenino en las organizaciones. Es asesora de empresas en temas relacionados con el área de Recursos Humanos y planeación estratégica. Es Coach certificado para ejecutivos y Mentora de empresarias de alto impacto del programa Vital Voices. Ha participado como conferenciante en la CANACINTRA, COPARMEX, PAN, grupo Alta Dirección y diversas instituciones. Es autora del libro: Rostros Femeninos en la Alta Dirección, Pe&A, 2014; Es coautora de libros como: Mujer y liderazgo. México, LID Editorial, 2010; Talento femenino en la Alta Dirección en México, México, LID Editorial, 2012; y En busca de un modelo, IPADE, 2014.

Jennifer Sánchez Álvarez

Investigadora del Centro de Investigación de la Mujer en la Alta Dirección, IPADE, México. Pedagoga por la Universidad Panamericana, estudiante de Ciencias Políticas y Administración Pública por la UNAM. Experta en el tema de talento femenino, género y política educativa. Previamente participó como Estudiante Embajadora de la Organización para la Cooperación y el Desarrollo Económico (OCDE). Es Asesora Académica del Instituto de Investigaciones sobre la Universidad y la Educación (IISUE). Ha participado en proyectos de investigación sobre las conexiones intergeneracionales y talento femenino en la empresa, así como proyectos de legislación educativa en la Cámara de Diputados.

República Dominicana

BARNA
Business School

Carlos Martí Sanchis

Profesor Asociado Residente de Dirección de Personas en las Organizaciones de Barna Business School, República Dominicana. Ha desempeñado durante nueve años en diferentes departamentos y cátedras de IESE Business School. Paralelamente, ha asesorado a empresas desde las firmas consultoras Madrid Consulting Group y Digital Operators Group, de la que fue socio-fundador. Sus áreas de especialización, consultoría e investigación se centran en el desarrollo y transformación de organizaciones, dirección estratégica de personas, comunicación organizacional, comportamiento humano en las organizaciones, y desarrollo de competencias de liderazgo de directivos. Actualmente combina la docencia e investigación con la consultoría de dirección. Pertenece a las redes de investigación Cross Cultural Management Network e International Center for Work and Family de IESE Business School.

Otros países colaboradores:

Eramus University
Rotterdam
Netherlands

Escola de
Direcção e Negócios
Portugal

The University of
Waikato
New Zealand

Universidad
Monteávila
Venezuela

Lagos
Business School
Nigeria

School of Human
Resource
Management Canada

Escuela de Dirección
Universidad de Piura
Perú

Instituto Superior de
Empresa
Brazil

Work & Family
Foundation
Canada

University of Macau
China

La Empresa y la
Familia
Costa Rica

Instituto de Desarrollo
Empresarial
Ecuador

ELIS
Italy

Politecnico Milan
Italy

Strathmore
Business School
Kenya

I. Bibliografía

Behson, S. J. (2005). The relative contribution of formal and informal organizational work–family support. *Journal of Vocational Behavior*, 66(3): 487-500.

Chinchilla, M. N. (2002). La motivación. Nota técnica FHN-340, IESE Business School (Barcelona), Universidad de Navarra.

Chinchilla, N. y Jiménez, E. (2014). La responsabilidad familiar corporativa, núcleo de la responsabilidad social. Nota técnica DPON-119, IESE Business School (Barcelona), Universidad de Navarra.

Chinchilla M.N. y Morgaras, M. (2007). Dueños de nuestro destino, Barcelona, *Ariel.*

Cunha, F., J.J.Heckman, L.J.Lochner and D.V.Masterov (2006), Interpreting the evidence on life cycle skill formationn: Hanushek, E.A. and F. Welch (eds.). Amsterdam, *Handbook of the Economics of Education.*

Durmer, J.S., & Dinges D.F. 2005 Neurocognitive consequences of sleep deprivation, *Seminars in Neurology*, 25, 117-129.

Ferreiro, P., & Alcázar, M. 2002. *Gobierno de Personas en la Empresa.* Barcelona: Ariel.

Matthews R., Kath, L., Barnes-Farrell, J. (2006) A short, valid, predictive measure of work-family conflict: item selection and scale validation, *Journal of Occupational Health Psychology, Vol 15(1)*

Hammer, L.B., Kossek, E.E., Bodner, T., Hansen, G., (2009), Development and Validation of a Multidimensional Measure of Family Supportive Supervisor Behaviour (FSSB), *Journal of Management.*

Kelly, E., Kossek, E., Hammer, L., Durham, M., Bray, J., Chermack, K., et al. 2008. Getting there from here: Research on the effects of work-family initiatives on workfamily conflict and business outcomes. The Academy of Management Annuals, 2(1): 305-349.

Matthews R., Kath, L., Barnes-Farrell, J. (2006) A short, valid, predictive measure of work-family conflict: item selection and scale validation, *Journal of Occupational Health Psychology, Vol 15(1)*

Larson, N.I., Neumark-Sztainer, D., Hannan, P.J., & Story, M. (2007). Trends in adolescent fruit and vegetable consumption, 1999-2004: Project EAT. *American Journal of Preventive Medicine*, 32, 147-150

Liden, R., Wayne, S., Liao, C., & Meuser, J. (2013). Servant leadership and serving culture: influence on individual and unit performance. *Academy of Management Journal.*

O'Reilly, Charles A,. Chatman J., Caldwell, D., (1991) "People and organizacional culture: A profile comparison approach to assessing person-organization fit." *Academy of Management Journal*, 4: 487-516.

Perotin, V., & Robinson, A., (2000) Employee Participation and Equal Opportunities Practices: Productivity Effect and Potential Complementarities. *British Journal of Industrial Relations*, 38(4): 557-583.

Pérez L, J. A. (1993). Fundamentos de la dirección de empresas. Madrid, *Rialp.*

Schaufeli W., and Bakker, A., (2003).Utrecht Work Engagement Scale. *Occupational Health Psychology Unit.* Utrecht University

Thompson, C., Beauvais, L. Lyness, K.(1999). When Work-Family Benefits Are Not Enough: The Influence of Work-Family Culture on Benefit Utilization, Organizational Attachment, and Work-Family Conflict, *Journal of Vocational Behavior* 54, 392-415

Valcour, M. (2007).Work-Based Resources as Moderators of the Relationship Between Work Hours and Satisfaction With Work-Family Balance. Journal of Applied Psychology, 92 (6): 1512-1523

Enlaces de interés:

- IESE: www.iese.edu
- IFREI- IESE Family Responsible Employer Index: http://ifrei.iese.edu/
- International Center for Work and Family: http://www.iese.edu/en/faculty-research/research-centers/icwf
- Work Family Foundation Canadá: www.workfamilyfoundation.org

Made in United States
Cleveland, OH
06 November 2026

47811155R00088